湖北水利统计年鉴

2023

《湖北水利统计年鉴》编委会　编

中国水利水电出版社
www.waterpub.com.cn
·北京·

图书在版编目（CIP）数据

湖北水利统计年鉴. 2023 / 《湖北水利统计年鉴》编委会编. -- 北京 : 中国水利水电出版社, 2024. 10.
ISBN 978-7-5226-2728-1

Ⅰ. F426.9-54

中国国家版本馆CIP数据核字第2024J3H008号

书　　名	**湖北水利统计年鉴 2023** HUBEI SHUILI TONGJI NIANJIAN 2023
作　　者	《湖北水利统计年鉴》编委会　编
出版发行	中国水利水电出版社 （北京市海淀区玉渊潭南路 1 号 D 座　100038） 网址：www. waterpub. com. cn E - mail：sales@mwr. gov. cn 电话：（010） 68545888（营销中心）
经　　售	北京科水图书销售有限公司 电话：（010） 68545874、63202643 全国各地新华书店和相关出版物销售网点
排　　版	中国水利水电出版社微机排版中心
印　　刷	涿州市星河印刷有限公司
规　　格	210mm×297mm　16 开本　13 印张　324 千字
版　　次	2024 年 10 月第 1 版　2024 年 10 月第 1 次印刷
定　　价	**98.00** 元

《湖北水利统计年鉴 2023》编委会和编写组名单

编　委　会

主　　任：孙国荣

副 主 任：王　煌

委　　员：（以姓氏笔画为序）

王云鹏　刘英萍　张笑天　易兴涛　季庆辉

姜俊涛

编　写　组

主　　编：王　煌　王平章

副 主 编：张　舒　周念来　周　驰　胡艳欣

执行编辑：冯　鑫　王淑琪　吴雪洁

编辑人员：（以姓氏笔画为序）

叶　艳　李　进　李　菁　李　超　李　颖

沈来银　宋　航　张　康　张秀莲　苗　滕

周玉琴　梁　艳　喻　婷

技术支持：湖北省水利水电科学研究院

编 者 说 明

一、本年鉴收录了湖北省2023年水资源、工程设施、建设投资及其他相关统计数据，共分为综述、正文和附录三大部分。正文部分共收录了江河湖泊、水利工程、农业灌溉、水土保持、水利建设投资、水利服务业等六个方面的内容，篇末附主要指标解释。

二、本年鉴基础数据来源于湖北省水利统计综合信息年报、水利建设投资年报和水利服务业统计年报。同时，根据湖北省水利厅职能处室提供的资料，适当补充和修正。

三、本年鉴涵盖湖北省所有县级及以上行政区，如果行政区未列入统计表中，表明该行政区无此项统计内容。

四、本年鉴“水利建设投资”类对象按“属地原则”统计；其余各类对象，坚持“在地原则”统计；工程数据界定以“完建”为准。

五、因“四舍五入”而产生的数据汇总合计误差，本年鉴未做评估和调整。表中空格表示数据不详或无该项统计数据，汇总时按0计算。

编者

2024年6月

目　录

三、农业灌溉

四、水土保持

五、水利建设投资

六、水利服务业

附录

综　　述

一、水利工程概述

水库 6751 座，总库容 1258.61 亿立方米，其中，大型水库 78 座，中型水库 290 座，小型水库 6383 座。与 2022 年相比，2023 年全省新增大（2）型水库 2 座、中型水库 3 座、小（1）型水库 9 座、小（2）型水库 1 座；减少小（1）型水库 1 座、小（2）型水库 31 座。1 座水库由中型升级为大（2）型，2 座水库由小（2）型升级为小（1）型。

农村水电站 1552 座，总装机容量 366.91 万千瓦，2023 年发电量 103.31 万千瓦时。其中，1 万～5 万千瓦水电站 89 座，0.1 万～1 万千瓦水电站 566 座，0.1 万千瓦以下水电站 897 座。

泵站 47574 处，其中，大型泵站 68 处，中型泵站 404 处，小型泵站 47102 处。与 2022 年相比，2023 年减少大型泵站 7 处，新增中型泵站 74 处，新增小型泵站 36 处。大中型泵站增减变化的原因是多级泵站或联合泵站解捆和近年新建的中型泵站补录。

水闸 21990 座，其中，大型 25 座，中型 185 座，小型 21780 座，最大过闸流量大于 5 立方米每秒规模以上水闸 6788 座。与 2022 年相比，2023 年减少小型水闸 9 座。

农村集中供水工程 139933 处，其中，城镇管网延伸工程 104 处，万人工程 715 处，千人工程 1447 处，千人以下工程 9929 处。农村集中供水人口 4252.74 万人。

堤防长度 21485.49 千米，其中，1 级堤防长度 608.99 千米，2 级堤防长度 2718.08 千米，3 级堤防长度 1975.43 千米。

总灌溉面积 5139.965 万亩[❶]，其中，耕地灌溉面积 4830.290 万亩，林地灌溉面积 159.090 万亩，园地灌溉面积 140.235 万亩，牧草地灌溉面积 10.350 万亩。全省规模以上灌区数量 1098 处，其中 30 万亩以上灌区 40 处。

2023 年新增水土流失综合治理面积 163.22 千公顷。

二、水利建设投资概述

2023 年全省计划投资 692.76 亿元，比 2022 年增长 89.4 亿元，增幅 14.82%。其中，中央投资 109.22 亿元，地方政府投资 211.45 亿元，贷款、社会资本及债券 372.08 亿元。

2023 年全省完成投资 664.69 亿元，比 2022 年增长 67.15 亿元，增幅 11.24%。投资主要用于农村水利建设、河湖生态保护治理、防洪工程体系建设等方面。

---

❶ 1 亩≈666.67m^2。

三、水利服务业概述

2023年年末全省共有水利单位1867个，其中，独立核算单位1453个，非独立核算单位414个。与2022年比，新增水利单位127个，减少水利单位207个，增减变动的单位主要为各地水利站、用水者协会等。

2023年年末水利行业从业人数为44070人，其中在岗人数38649人。2023年年末在岗职工工资总额4.459亿元。

一、江河湖泊

JIANG HE HU PO

图片来源：张毕湖综合治理后实景

1－1 全省河流数量（按流域）

流 域	水 系	河流数量/条	河流总长度/千米
长江	乌江水系	31	833
	乌江至洞庭湖区间水系	180	5698
	洞庭湖水系	98	1503
	洞庭湖至汉江区间水系	264	3386
	汉江水系	377	12196
	汉江至鄱阳湖区间水系	266	8193
	长江干流	1	1151
淮河	淮河洪泽湖以上水系	15	297
全省合计		**1232**	**33258**

注 1. 统计流域面积大于等于 50 平方千米的河流。

2. 数据来源于湖北省第一次水利普查成果。

1-2　全省河流数量（按地区）

行　政　区	流经河流数量/条	河流数量在全省占比/%
武汉市	58	4.7
黄石市	31	2.5
十堰市	152	12.3
宜昌市	135	11
襄阳市	126	10.2
鄂州市	21	1.7
荆门市	94	7.6
孝感市	103	8.4
荆州市	160	13
黄冈市	110	8.9
咸宁市	64	5.2
随州市	65	5.3
恩施土家族苗族自治州	161	13.1
仙桃市	36	2.9
潜江市	29	2.4
天门市	37	3
神农架林区	24	1.9

注　1. 统计流域面积大于等于50平方千米的河流。
2. 跨地市河流在各地数据中重复统计。
3. 数据来源于湖北省第一次水利普查成果。

1－3　主要支流基本情况

河流名称	河流长度/千米	流域面积/平方千米	其中：湖北省境内 流域面积/平方千米
汉江	1528	151147	58063
唐白河	363	23975	4576
西水	484	19344	2680
澧水	407	16959	3117
清江	430	16765	16673
丹江	391	16138	1385
府澴河	357	13833	13771
堵河	345	12450	10940
唐河	260	8596	1189
沮漳河	313	7290	7290
南河	263	6514	6514
金钱河	241	5646	971
阿蓬江	244	5346	2811
富水	197	5201	4724
溇水	251	5022	2771
郁江	176	4562	1621
举水	165	4416	4351
陆水	183	3866	3858
澴水	145	3618	3557
巴水	152	3589	3589
香溪河	101	3214	3214
蛮河	188	3207	3207
磨刀溪	189	3049	741

注　统计流域面积大于等于 3000 平方千米的河流。

1-4 各地湖泊数量和面积

行 政 区	湖泊数量/个		湖泊面积/平方千米
	总数	其中：城中湖	
合计	**755**	**102**	**2706.849**
武汉市	143	38	530.038
黄石市	69	5	260.283
宜昌市	11	2	14.058
鄂州市	50	3	384.739
荆门市	46	5	194.590
孝感市	29	4	153.045
荆州市	183	20	574.920
黄冈市	114	16	237.452
咸宁市	39	1	291.559
仙桃市	10	3	14.575
天门市	45	4	37.380
潜江市	15	1	13.060
神农架林区	1		1.150

注 1. 统计面积大于等于0.067平方千米的乡村湖泊及所有城中湖。
2. 数据来源于湖北省第一次水利普查成果。
3. 12个跨地区湖泊按主水面所在地统计。
4. 湖泊面积是指湖泊常年水面面积。

1-5 主要湖泊

湖泊名称	主要所在地	水面面积/平方千米
洪湖	荆州市监利市、洪湖市	308
梁子湖	武汉市江夏区；鄂州市梁子湖区	271
长湖	荆州市荆州区、沙市区；荆门市沙洋县；潜江市	131
斧头湖	武汉市江夏区；咸宁市咸安区、嘉鱼县	126
西凉湖	咸宁市咸安区、嘉鱼县、赤壁市	85.2
龙感湖	黄冈市黄梅县、龙感湖管理区；安徽省安庆市	60.9
牛山湖	武汉市东湖新技术开发区	57.2
大冶湖	黄石市西塞山区、阳新县、大冶市	54.7
汈汊湖	孝感市汉川市	48.7
汤逊湖	武汉市洪山区、江夏区、东湖新技术开发区	47.6
保安湖	黄石市大冶市；鄂州市梁子湖区	45.1
鲁湖	武汉市江夏区	44.9
网湖	黄石市阳新县	40.2
赤东湖	黄冈市蕲春县	39
后官湖	武汉市蔡甸区、经济技术开发区	37.3
涨渡湖	武汉市新洲区	35.8
东湖	武汉市东湖生态旅游风景区	33.9
黄盖湖	咸宁市赤壁市；湖南省临湘市	32
豹澥湖	武汉市东湖新技术开发区；鄂州市梁子湖区、华容区	28
东西汊湖	孝感市应城市、汉川市	27.4
太白湖	黄冈市武穴市、黄梅县	27.3
三山湖	黄石市大冶市；鄂州市鄂城区	20.2

注　跨省湖泊水面面积为湖北省境内的水面面积。

二、水利工程

SHUI LI GONG CHENG

图片来源：远安县水美乡村双河堰实景

2-1　2021—2023 年水库数量

单位：座

行　政　区	2021 年		2022 年		2023 年	
	总数	其中：大型水库	总数	其中：大型水库	总数	其中：大型水库
湖北省	**6876**	**74**	**6768**	**75**	**6751**	**78**
武汉市	262	3	261	3	261	3
黄石市	286	2	285	2	285	2
十堰市	542	9	515	10	514	10
宜昌市	459	7	455	7	455	7
襄阳市	1208	14	1195	14	1188	15
鄂州市	36		36		36	
荆门市	728	7	709	7	708	9
孝感市	449	1	447	1	448	1
荆州市	114	2	114	2	114	2
黄冈市	1236	12	1200	12	1190	12
咸宁市	551	4	549	4	547	4
随州市	707	8	706	8	707	8
恩施土家族苗族自治州	267	5	259	5	261	5
天门市	27		27		27	
神农架林区	4		4		4	
保密单位			6		6	

2－2　2023年水库数量

单位：座

行　政　区	合计	大　型			中型	小　型		
		大（1）型	大（2）型	小计		小（1）型	小（2）型	小计
湖北省	**6751**	**11**	**67**	**78**	**290**	**1226**	**5156**	**6382**
武汉市	**261**		**3**	**3**	**6**	**41**	**211**	**252**
蔡甸区	10						10	10
江夏区	94					13	81	94
黄陂区	106		2	2	5	23	76	99
新洲区	40		1	1	1	3	35	38
东湖新技术开发区	11					2	9	11
黄石市	**285**	**1**	**1**	**2**	**6**	**51**	**226**	**277**
西塞山区	2						2	2
下陆区	3					1	2	3
铁山区	3					1	2	3
阳新县	167	1	1	2	3	25	137	162
大冶市	110				3	24	83	107
十堰市	**514**	**3**	**7**	**10**	**25**	**81**	**398**	**479**
茅箭区	10				2	2	6	8
张湾区	17	1		1		3	13	16
郧阳区	85				4	15	66	81
郧西县	107		2	2	3	12	90	102
竹山县	64	1	2	3	3	15	43	58
竹溪县	49		2	2	7	5	35	40
房县	78		1	1	4	14	59	73
丹江口市	104	1		1	2	15	86	101
宜昌市	**455**	**3**	**4**	**7**	**32**	**113**	**303**	**416**
西陵区	2	1		1			1	1
伍家岗区	4					1	3	4
点军区	15				1	1	13	14
猇亭区	6					2	4	6
夷陵区	69	1	1	2	4	12	51	63
远安县	56				3	10	43	53
兴山县	16		1	1	1	3	11	14
秭归县	20				2	5	13	18
长阳土家族自治县	15	1		1	1	5	8	13
五峰土家族自治县	11				3	5	3	8

续表

行政区	合计	大型			中型	小型		
		大（1）型	大（2）型	小计		小（1）型	小（2）型	小计
宜都市	47		1	1	5	9	32	41
当阳市	127		1	1	7	45	74	119
枝江市	67				5	15	47	62
襄阳市	**1188**		**15**	**15**	**60**	**181**	**932**	**1113**
襄城区	56		2	2	2	4	48	52
樊城区	26				4	7	15	22
襄州区	263		2	2	6	34	221	255
南漳县	139		4	4	1	15	119	134
谷城县	87		1	1	7	12	67	79
保康县	20		1	1	2	6	11	17
老河口市	57		2	2	7	19	29	48
枣阳市	383		2	2	20	63	298	361
宜城市	127		1	1	10	15	101	116
东津区	30				1	6	23	29
鄂州市	**36**				**1**	**7**	**28**	**35**
梁子湖区	17					2	15	17
鄂城区	19				1	5	13	18
荆门市	**708**	**1**	**8**	**9**	**30**	**176**	**492**	**668**
东宝区	104	1		1	4	27	72	99
掇刀区	43				4	17	22	39
京山市	222		4	4	7	38	172	210
沙洋县	62				7	33	22	55
钟祥市	249		4	4	8	56	181	237
屈家岭管理区	28					5	23	28
孝感市	**448**		**1**	**1**	**16**	**97**	**334**	**431**
孝南区	25				1	6	18	24
孝昌县	40		1	1	2	10	27	37
大悟县	134				8	24	102	126
云梦县	7					1	6	7
应城市	99				2	17	80	97
安陆市	143				3	39	101	140
荆州市	**114**		**2**	**2**	**6**	**19**	**87**	**106**
荆州区	30		1	1	2	6	21	27
公安县	6				1	2	3	5
石首市	18					1	17	18
松滋市	60		1	1	3	10	46	56

续表

行政区	合计	大型			中型	小型		
		大（1）型	大（2）型	小计		小（1）型	小（2）型	小计
黄冈市	**1190**	**1**	**11**	**12**	**38**	**192**	**948**	**1140**
黄州区	2					1	1	2
团风县	84		1	1	6	8	69	77
红安县	163		2	2	4	23	134	157
罗田县	173		1	1	7	28	137	165
英山县	83		1	1	2	17	63	80
浠水县	68	1		1	2	17	48	65
蕲春县	179		2	2	4	30	143	173
黄梅县	22		1	1	2	4	15	19
麻城市	316		3	3	7	44	262	306
武穴市	100				4	20	76	96
咸宁市	**547**		**4**	**4**	**19**	**78**	**446**	**524**
咸安区	101		1	1	1	7	92	99
嘉鱼县	18		1	1	1	7	9	16
通城县	96				6	15	75	90
崇阳县	109		1	1	4	11	93	104
通山县	93				4	16	73	89
赤壁市	130		1	1	3	22	104	126
随州市	**707**		**8**	**8**	**21**	**99**	**579**	**678**
曾都区	111		1	1	4	11	96	107
随县	392		5	5	12	53	321	374
广水市	204		2	2	5	35	162	197
恩施土家族苗族自治州	**261**	**2**	**3**	**5**	**28**	**88**	**140**	**228**
恩施市	45		1	1	5	11	28	39
利川市	53				6	15	32	47
建始县	33				4	6	23	29
巴东县	15	1		1		5	9	14
宣恩县	18		1	1	3	12	2	14
咸丰县	19		1	1	2	8	8	16
来凤县	55				4	22	29	51
鹤峰县	23	1		1	4	9	9	18
省直管	**37**				**2**	**3**	**32**	**35**
天门市	27					2	25	27
神农架林区	4				2	1	1	2
保密单位	6						6	6

2－3　2021—2023年水库总库容

单位：万立方米

行　政　区	2021年		2022年		2023年	
	总库容	其中：大型水库库容	总库容	其中：大型水库库容	总库容	其中：大型水库库容
湖北省	**12382311**	**11071266**	**12479577**	**11164926**	**12586099**	**11284247**
武汉市	87116	52122	86696	52122	86696	52205
黄石市	250410	220270	250379	220270	250379	220270
十堰市	3876488	3791748	3896794	3812948	3901440	3791708
宜昌市	5157208	5024110	5229855	5096610	5241838	5096487
襄阳市	492282	239842	491630	239842	491492	282201
鄂州市	5320		5320		5320	
荆门市	517373	360279	514842	360279	602315	458521
孝感市	107809	10010	107833	10010	107972	10010
荆州市	83429	63393	83419	63353	83419	63353
黄冈市	492233	316746	493964	316746	493843	316746
咸宁市	205082	138016	204982	138016	205272	138016
随州市	290434	190880	291038	190880	291204	190880
恩施土家族苗族自治州	808546	663850	814009	663850	816093	663850
天门市	1821		1821		1821	
神农架林区	6761		6761		6761	
保密单位			233		233	

2-4 2023年水库总库容

单位：万立方米

行政区	合计	大型			中型	小型		
		大（1）型	大（2）型	小计		小（1）型	小（2）型	小计
湖北省	**12595203.20**	**9631810.00**	**1652437.00**	**11284247.00**	**816469.80**	**347820.20**	**146666.20**	**494486.40**
武汉市	**86950.23**		**52205.00**	**52205.00**	**18872.00**	**9592.13**	**6281.10**	**15873.23**
蔡甸区	246.63						246.63	246.63
江夏区	4576.82					2229.18	2347.64	4576.82
黄陂区	67047.61		41787.00	41787.00	17228.00	5753.01	2279.60	8032.61
新洲区	14144.48		10418.00	10418.00	1644.00	1131.01	951.47	2082.48
东湖新技术开发区	934.69					478.93	455.76	934.69
黄石市	**250368.74**	**162100.00**	**58170.00**	**220270.00**	**12278.00**	**12127.37**	**5693.37**	**17820.74**
西塞山区	147.00						147.00	147.00
下陆区	157.58					100.41	57.17	157.58
铁山区	195.95					121.00	74.95	195.95
阳新县	235687.10	162100.00	58170.00	220270.00	6621.00	5868.14	2927.96	8796.10
大冶市	14181.11				5657.00	6037.82	2486.29	8524.11
十堰市	**3879851.29**	**3545010.00**	**246698.00**	**3791708.00**	**58433.50**	**20982.26**	**8727.53**	**29709.79**
茅箭区	3951.62				3418.00	398.30	135.32	533.62
张湾区	117582.49	116210.00		116210.00		1155.50	216.99	1372.49
郧阳区	18551.35				12199.00	4475.48	1876.87	6352.35
郧西县	60631.17		48420.00	48420.00	6677.00	3766.94	1767.23	5534.17
竹山县	342008.98	233800.00	93328.00	327128.00	11008.00	3102.65	770.33	3872.98
竹溪县	71934.32		55050.00	55050.00	15039.00	1132.86	712.46	1845.32
房县	59378.57		49900.00	49900.00	4776.50	3441.34	1260.73	4702.07
丹江口市	3205812.79	3195000.00		3195000.00	5316.00	3509.19	1987.60	5496.79
宜昌市	**5230455.70**	**4996000.00**	**100487.00**	**5096487.00**	**87773.12**	**36172.54**	**10023.04**	**46195.58**
西陵区	158019.65	158000.00		158000.00			19.65	19.65
伍家岗区	394.00					312.00	82.00	394.00
点军区	2359.89				1697.00	326.00	336.89	662.89
猇亭区	548.49					440.00	108.49	548.49
夷陵区	4540126.49	4504000.00	19627.00	4523627.00	11217.00	3798.06	1484.43	5282.49
远安县	15196.89				11488.00	2451.40	1257.49	3708.89
兴山县	17420.20		14760.00	14760.00	1380.00	744.89	535.31	1280.20
秭归县	9000.01				7494.00	1075.43	430.58	1506.01
长阳土家族自治县	342738.27	334000.00		334000.00	6920.00	1491.57	326.70	1818.27
五峰土家族自治县	6698.85				4847.12	1678.36	173.37	1851.73

续表

行政区	合计	大型			中型	小型		
		大（1）型	大（2）型	小计		小（1）型	小（2）型	小计
宜都市	67911.30		48900.00	48900.00	15214.00	2827.29	970.01	3797.30
当阳市	49777.14		17200.00	17200.00	14757.00	14896.07	2924.07	17820.14
枝江市	20264.52				12759.00	6131.47	1374.05	7505.52
襄阳市	**533783.33**		**282201.00**	**282201.00**	**161720.95**	**58715.02**	**31146.36**	**89861.38**
襄城区	33587.24		24500.00	24500.00	5269.00	1621.50	2196.74	3818.24
樊城区	53575.90		42200.00	42200.00	7274.05	3489.27	612.58	4101.85
襄州区	67296.39		32440.00	32440.00	17498.00	9695.98	7662.41	17358.39
南漳县	65142.92		57135.00	57135.00	1030.00	4388.80	2589.12	6977.92
谷城县	41724.69		14800.00	14800.00	21963.00	3231.76	1729.93	4961.69
保康县	34540.67		26900.00	26900.00	5200.00	2107.00	333.67	2440.67
老河口市	61847.21		41770.00	41770.00	11947.00	6834.31	1295.90	8130.21
枣阳市	120082.82		30290.00	30290.00	61023.00	18332.80	10437.02	28769.82
宜城市	48642.29		12166.00	12166.00	26499.90	6500.10	3476.29	9976.39
东津区	7343.20				4017.00	2513.50	812.70	3326.20
鄂州市	**5320.10**				**1420.00**	**3087.40**	**812.70**	**3900.10**
梁子湖区	1982.52					1536.35	446.17	1982.52
鄂城区	3337.58				1420.00	1551.05	366.53	1917.58
荆门市	**602736.67**	**211300.00**	**247221.00**	**458521.00**	**73345.20**	**53840.17**	**17030.30**	**70870.47**
东宝区	229393.62	211300.00		211300.00	8381.00	7306.72	2405.90	9712.62
掇刀区	11478.67				6259.20	4471.87	747.60	5219.47
京山市	125298.68		79050.00	79050.00	29307.00	10893.65	6048.03	16941.68
沙洋县	22919.47				12155.00	9938.72	825.75	10764.47
钟祥市	211074.43		168171.00	168171.00	17243.00	19225.21	6435.22	25660.43
屈家岭管理区	2571.80					2004.00	567.80	2571.80
孝感市	**107930.10**		**10010.00**	**10010.00**	**58326.00**	**29176.03**	**10418.07**	**39594.10**
孝南区	4585.40				2356.00	1205.36	1024.04	2229.40
孝昌县	20087.38		10010.00	10010.00	5644.00	3343.16	1090.22	4433.38
大悟县	42517.45				31166.00	8191.92	3159.53	11351.45
云梦县	863.71					543.36	320.35	863.71
应城市	16010.97				8992.00	5059.84	1959.13	7018.97
安陆市	23865.19				10168.00	10832.39	2864.80	13697.19
荆州市	**83419.39**		**63353.00**	**63353.00**	**12490.00**	**5257.37**	**2319.02**	**7576.39**
荆州区	17484.65		12193.00	12193.00	3528.00	932.23	831.42	1763.65
公安县	1848.85				1220.00	591.00	37.85	628.85
石首市	447.31					122.50	324.81	447.31
松滋市	63638.58		51160.00	51160.00	7742.00	3611.64	1124.94	4736.58

续表

行政区	合计	大型			中型	小型		
		大（1）型	大（2）型	小计		小（1）型	小（2）型	小计
黄冈市	**493612.18**	**122800.00**	**193946.00**	**316746.00**	**103716.13**	**51577.13**	**21572.92**	**73150.05**
黄州区	735.89					703.57	32.32	735.89
团风县	24142.75		10103.00	10103.00	9771.00	2798.40	1470.35	4268.75
红安县	53542.83		28991.00	28991.00	15450.00	6122.20	2979.63	9101.83
罗田县	40485.74		15640.00	15640.00	15892.00	6041.92	2911.82	8953.74
英山县	22294.09		11040.00	11040.00	4786.00	5201.48	1266.61	6468.09
浠水县	131495.87	122800.00		122800.00	3272.00	3837.49	1586.38	5423.87
蕲春县	53437.12		35556.00	35556.00	6780.00	7870.77	3230.35	11101.12
黄梅县	26565.53		13300.00	13300.00	12061.00	767.13	437.40	1204.53
麻城市	112666.75		79316.00	79316.00	16220.00	11995.05	5135.70	17130.75
武穴市	28245.61				19484.13	6239.12	2522.36	8761.48
咸宁市	**205281.31**		**138016.00**	**138016.00**	**37995.00**	**17571.06**	**11699.25**	**29270.31**
咸安区	18109.92		10236.00	10236.00	3720.00	1687.50	2466.42	4153.92
嘉鱼县	13109.92		10580.00	10580.00	1128.00	1099.00	302.92	1401.92
通城县	16880.05				11957.00	3481.10	1441.95	4923.05
崇阳县	55355.60		43000.00	43000.00	6904.00	2588.51	2863.09	5451.60
通山县	10753.23				6294.00	2837.21	1622.02	4459.23
赤壁市	91072.59		74200.00	74200.00	7992.00	5877.74	3002.85	8880.59
随州市	**290652.60**		**190880.00**	**190880.00**	**57814.00**	**25485.08**	**16473.52**	**41958.60**
曾都区	44245.09		24080.00	24080.00	14052.00	3514.16	2598.93	6113.09
随县	128974.92		78070.00	78070.00	26699.00	15224.24	8981.68	24205.92
广水市	117432.59		88730.00	88730.00	17063.00	6746.68	4892.91	11639.59
恩施土家族苗族自治州	**816026.61**	**594600.00**	**69250.00**	**663850.00**	**126239.30**	**22767.64**	**3169.67**	**25937.31**
恩施市	54002.54		22900.00	22900.00	27188.00	3437.39	477.15	3914.54
利川市	26544.10				22861.00	2873.52	809.58	3683.10
建始县	14489.46				11704.00	2362.15	423.31	2785.46
巴东县	460790.88	458000.00		458000.00		2537.48	253.40	2790.88
宣恩县	61912.49		34300.00	34300.00	24277.00	3195.23	140.26	3335.49
咸丰县	23184.31		12050.00	12050.00	9066.00	1942.14	126.17	2068.31
来凤县	21263.69				16366.00	4324.68	573.01	4897.69
鹤峰县	153839.14	136600.00		136600.00	14777.30	2095.05	366.79	2461.84
省直管	**8814.95**				**6046.60**	**1469.00**	**1299.35**	**2768.35**
天门市	1821.45					839.00	982.45	1821.45
神农架林区	6760.60				6046.60	630.00	84.00	714.00
保密单位	232.90						232.90	232.90

2-5 2023年水库兴利库容

单位：万立方米

行 政 区	合计	大型			中型	小型		
		大（1）型	大（2）型	小计		小（1）型	小（2）型	小计
湖北省	**6301621.06**	**4704697.00**	**801543.00**	**5506240.00**	**495501.15**	**212625.71**	**87254.20**	**299879.91**
武汉市	**47213.99**		**26188.00**	**26188.00**	**10458.00**	**6330.29**	**4237.70**	**10567.99**
蔡甸区	179.82						179.82	179.82
江夏区	3503.78					1606.67	1897.11	3503.78
黄陂区	35145.51		20788.00	20788.00	9412.00	3556.11	1389.40	4945.51
新洲区	7773.12		5400.00	5400.00	1046.00	861.64	465.48	1327.12
东湖新技术开发区	611.76					305.87	305.89	611.76
黄石市	**98035.08**	**54800.00**	**24300.00**	**79100.00**	**6869.00**	**8755.52**	**3310.56**	**12066.08**
西塞山区	102.29						102.29	102.29
下陆区	24.10					10.50	13.60	24.10
铁山区	129.09					91.09	38.00	129.09
阳新县	89275.66	54800.00	24300.00	79100.00	3719.00	4566.94	1889.72	6456.66
大冶市	8503.94				3150.00	4086.99	1266.95	5353.94
十堰市	**1946987.17**	**1781697.00**	**117942.00**	**1899639.00**	**29435.40**	**12219.76**	**5693.01**	**17912.77**
茅箭区	2787.16				2439.00	226.80	121.36	348.16
张湾区	52437.93	51500.00		51500.00		791.20	146.73	937.93
郧阳区	11528.04				7732.00	2573.54	1222.50	3796.04
郧西县	25898.99		20900.00	20900.00	1652.00	2511.46	835.53	3346.99
竹山县	148273.61	94197.00	49085.00	143282.00	2552.00	1870.46	569.15	2439.61
竹溪县	35845.06		26857.00	26857.00	7520.60	912.50	554.96	1467.46
房县	27636.08		21100.00	21100.00	4654.00	942.25	939.83	1882.08
丹江口市	1642580.30	1636000.00		1636000.00	2885.80	2391.55	1302.95	3694.50
宜昌市	**2548322.02**	**2412500.00**	**46809.00**	**2459309.00**	**58821.44**	**23478.39**	**6713.19**	**30191.58**
西陵区	8420.00		8400.00	8400.00			20.00	20.00
伍家岗区	229.00					150.00	79.00	229.00
点军区	1923.90				1490.00	231.00	202.90	433.90
猇亭区	442.00					348.00	94.00	442.00
夷陵区	2240415.89	2215000.00	15573.00	2230573.00	5808.00	2942.80	1092.09	4034.89
远安县	10968.60				8331.00	1783.65	853.95	2637.60
兴山县	8450.56		6900.00	6900.00	892.00	356.09	302.47	658.56
秭归县	6008.68				4674.00	969.73	364.95	1334.68
长阳土家族自治县	203545.04	197500.00		197500.00	4570.00	1317.04	158.00	1475.04
五峰土家族自治县	4152.74				2959.44	1121.30	72.00	1193.30

续表

行政区	合计	大型			中型	小型		
		大（1）型	大（2）型	小计		小（1）型	小（2）型	小计
宜都市	17775.00		5400.00	5400.00	9783.00	1911.90	680.10	2592.00
当阳市	31232.63		10536.00	10536.00	11007.00	7793.48	1896.15	9689.63
枝江市	14757.98				9307.00	4553.40	897.58	5450.98
襄阳市	**262912.95**		**120938.00**	**120938.00**	**91917.40**	**33904.95**	**16152.60**	**50057.55**
襄城区	8757.35		4000.00	4000.00	3015.00	838.75	903.60	1742.35
樊城区	7327.20				5029.00	1985.20	313.00	2298.20
襄州区	36598.50		18090.00	18090.00	9342.00	4796.80	4369.70	9166.50
南漳县	44416.00		39439.00	39439.00	584.00	2853.00	1540.00	4393.00
谷城县	20289.70		6068.00	6068.00	10673.00	2407.70	1141.00	3548.70
保康县	17968.40		14500.00	14500.00	2222.00	1074.30	172.10	1246.40
老河口市	26017.70		12540.00	12540.00	8785.70	4197.60	494.40	4692.00
枣阳市	70664.00		18670.00	18670.00	36788.00	10261.00	4945.00	15206.00
宜城市	28874.20		7631.00	7631.00	15478.70	3892.50	1872.00	5764.50
东津区	1999.90					1598.10	401.80	1999.90
鄂州市	**3838.28**				**958.00**	**2352.24**	**528.04**	**2880.28**
梁子湖区	1401.00					1121.80	279.20	1401.00
鄂城区	2437.28				958.00	1230.44	248.84	1479.28
荆门市	**272002.86**	**92400.00**	**98187.00**	**190587.00**	**42080.11**	**29710.30**	**9625.45**	**39335.75**
东宝区	99447.29	92400.00		92400.00	3577.00	2199.78	1270.51	3470.29
掇刀区	8454.21				5673.00	2374.99	406.22	2781.21
京山市	76702.71		49052.00	49052.00	17260.00	6693.97	3696.74	10390.71
沙洋县	12620.14				6237.00	5841.56	541.58	6383.14
钟祥市	73240.31		49135.00	49135.00	9333.11	11490.00	3282.20	14772.20
屈家岭管理区	1538.20					1110.00	428.20	1538.20
孝感市	**62877.57**		**4830.00**	**4830.00**	**34544.00**	**17688.97**	**5814.60**	**23503.57**
孝南区	2317.67				1224.00	718.74	374.93	1093.67
孝昌县	9473.37		4830.00	4830.00	3116.00	1104.20	423.17	1527.37
大悟县	27378.03				20180.00	5264.03	1934.00	7198.03
云梦县	268.70					53.00	215.70	268.70
应城市	9397.80				5429.00	2885.00	1083.80	3968.80
安陆市	14042.00				4595.00	7664.00	1783.00	9447.00
荆州市	**44591.57**		**33714.00**	**33714.00**	**6348.00**	**2874.11**	**1655.46**	**4529.57**
荆州区	5228.26		2814.00	2814.00	1333.00	374.50	706.76	1081.26
公安县	1039.74				730.00	300.94	8.80	309.74
石首市	343.08					97.92	245.16	343.08
松滋市	37980.49		30900.00	30900.00	4285.00	2100.75	694.74	2795.49

续表

行 政 区	合计	大 型			中型	小 型		
		大（1）型	大（2）型	小计		小（1）型	小（2）型	小计
黄冈市	**297496.02**	**57200.00**	**119092.00**	**176292.00**	**71691.00**	**34387.17**	**15125.85**	**49513.02**
黄州区	348.93					327.32	21.61	348.93
团风县	15807.26		5824.00	5824.00	6972.00	2113.74	897.52	3011.26
红安县	34905.00		17854.00	17854.00	9980.00	5096.00	1975.00	7071.00
罗田县	26087.79		9380.00	9380.00	10233.00	4467.18	2007.61	6474.79
英山县	15073.16		6866.00	6866.00	3856.00	3595.56	755.60	4351.16
浠水县	62843.96	57200.00		57200.00	2392.00	2293.00	958.96	3251.96
蕲春县	34510.15		22635.00	22635.00	4888.30	5135.75	1851.10	6986.85
黄梅县	18354.88		9661.00	9661.00	7943.00	336.83	414.05	750.88
麻城市	68748.20		46872.00	46872.00	11170.00	6328.00	4378.20	10706.20
武穴市	20816.69				14256.70	4693.79	1866.20	6559.99
咸宁市	**121569.23**		**73811.00**	**73811.00**	**28846.00**	**11537.79**	**7374.44**	**18912.23**
咸安区	11907.17		6520.00	6520.00	2700.00	1083.00	1604.17	2687.17
嘉鱼县	7390.13		5651.00	5651.00	805.00	870.00	64.13	934.13
通城县	12452.43				9038.00	2384.10	1030.33	3414.43
崇阳县	29800.49		20840.00	20840.00	5217.00	1955.63	1787.86	3743.49
通山县	7141.29				4283.00	1847.01	1011.28	2858.29
赤壁市	52877.72		40800.00	40800.00	6803.00	3398.05	1876.67	5274.72
随州市	**159510.38**		**98402.00**	**98402.00**	**36228.00**	**16334.45**	**8545.93**	**24880.38**
曾都区	27490.40		15180.00	15180.00	8214.00	2473.98	1622.42	4096.40
随县	72146.62		42692.00	42692.00	16481.00	9392.62	3581.00	12973.62
广水市	59873.36		40530.00	40530.00	11533.00	4467.85	3342.51	7810.36
恩施土家族苗族自治州	**429842.29**	**306100.00**	**37330.00**	**343430.00**	**72260.80**	**12184.77**	**1966.72**	**14151.49**
恩施市	28216.53		10300.00	10300.00	16048.00	1593.10	275.43	1868.53
利川市	12186.07				9555.00	2061.20	569.87	2631.07
建始县	9240.57				7157.80	1855.43	227.34	2082.77
巴东县	239564.70	238300.00		238300.00		1124.70	140.00	1264.70
宣恩县	49869.77		19130.00	19130.00	29095.00	1622.77	22.00	1644.77
咸丰县	12885.00		7900.00	7900.00	4139.00	748.00	98.00	846.00
来凤县	8859.53				6266.00	2239.36	354.17	2593.53
鹤峰县	69020.12	67800.00		67800.00		940.21	279.91	1220.12
省直管	**6421.65**				**5044.00**	**867.00**	**510.65**	**1377.65**
天门市	760.40					291.00	469.40	760.40
神农架林区	5661.25				5044.00	576.00	41.25	617.25

2－6　2023年水库防洪库容

单位：万立方米

行政区	合计	大型			中型
		大（1）型	大（2）型	小计	
湖北省	**5903901.86**	**5774140.00**	**114032.00**	**5888172.00**	**15729.86**
武汉市	**5116.00**		**4797.00**	**4797.00**	**319.00**
黄陂区	1706.00		1706.00	1706.00	
新洲区	3410.00		3091.00	3091.00	319.00
黄石市	**28080.00**	**28080.00**		**28080.00**	
阳新县	28080.00	28080.00		28080.00	
十堰市	**5633944.00**	**5620000.00**	**13140.00**	**5633140.00**	**804.00**
竹山县	284.00				284.00
房县	41040.00	40000.00	1040.00	41040.00	
丹江口市	12100.00		12100.00	12100.00	
宜昌市	**1100000.00**	**1100000.00**		**1100000.00**	
夷陵区	2265520.00	2265000.00		2265000.00	520.00
长阳土家族自治县	2215000.00	2215000.00		2215000.00	
襄阳市	**30506.00**	**2660.00**	**27190.00**	**29850.00**	**656.00**
襄州区	16583.00	2660.00	13595.00	16255.00	328.00
南漳县	8546.00		8546.00	8546.00	
枣阳市	5377.00		5049.00	5049.00	328.00
荆门市	**50419.00**	**27800.00**	**15677.00**	**43477.00**	**6942.00**
东宝区	30142.00	13900.00	12771.00	26671.00	3471.00
京山市	14217.00	13900.00		13900.00	317.00

续表

行 政 区	合计	大 型			中型
		大（1）型	大（2）型	小计	
钟祥市	6060.00		2906.00	2906.00	3154.00
荆州市	**5512.00**		**5040.00**	**5040.00**	**472.00**
公安县	5276.00		5040.00	5040.00	236.00
松滋市	236.00				236.00
黄冈市	**46236.86**	**25600.00**	**17368.00**	**42968.00**	**3268.86**
团风县	24606.93	12800.00	9809.00	22609.00	1997.93
红安县	1068.00		1068.00	1068.00	
罗田县	704.00				704.00
浠水县	1970.00		1970.00	1970.00	
蕲春县	12800.00	12800.00		12800.00	
黄梅县	5087.93		4521.00	4521.00	566.93
咸宁市	**29292.00**		**28760.00**	**28760.00**	**532.00**
咸安区	22796.00		22530.00	22530.00	266.00
崇阳县	770.00		770.00	770.00	
赤壁市	5726.00		5460.00	5460.00	266.00
随州市	**2096.00**		**2060.00**	**2060.00**	**36.00**
随县	1066.00		1030.00	1030.00	36.00
广水市	1030.00		1030.00	1030.00	
恩施土家族苗族自治州	**72700.00**	**70000.00**		**70000.00**	**2700.00**
恩施市	2700.00				2700.00
巴东县	50000.00	50000.00		50000.00	
鹤峰县	20000.00	20000.00		20000.00	

2－7　2023年水库设计灌溉面积

单位：万亩

行政区	合计	大型			中型	小型		
		大（1）型	大（2）型	小计		小（1）型	小（2）型	小计
湖北省	**3696.54**	**674.52**	**1002.04**	**1676.56**	**1079.14**	**579.83**	**361.02**	**940.85**
武汉市	**134.28**		**55.36**	**55.36**	**34.56**	**18.00**	**26.36**	**44.36**
蔡甸区	1.41						1.41	1.41
江夏区	11.43					4.39	7.04	11.43
黄陂区	80.49		31.36	31.36	32.00	8.21	8.92	17.13
新洲区	38.37		24.00	24.00	2.56	4.13	7.68	11.81
东湖新技术开发区	2.58					1.27	1.31	2.58
黄石市	**118.34**	**10.00**	**50.00**	**60.00**	**19.00**	**24.02**	**15.32**	**39.34**
铁山区	0.13					0.02	0.11	0.13
阳新县	86.21	10.00	50.00	60.00	8.00	9.00	9.21	18.21
大冶市	32.00				11.00	15.00	6.00	21.00
十堰市	**439.64**	**360.00**		**360.00**	**33.46**	**24.48**	**21.70**	**46.18**
茅箭区	0.07						0.07	0.07
张湾区	1.53					1.05	0.48	1.53
郧阳区	21.46				11.26	6.31	3.89	10.20
郧西县	6.87				1.50	3.66	1.71	5.37
竹山县	12.66				1.40	5.52	5.74	11.26
竹溪县	9.55				4.88	1.83	2.84	4.67
房县	22.76				14.02	4.00	4.74	8.74
丹江口市	364.73	360.00		360.00	0.40	2.11	2.23	4.33
宜昌市	**395.28**		**13.40**	**13.40**	**268.03**	**86.61**	**27.25**	**113.86**
点军区	4.34				2.85	0.50	0.99	1.49
猇亭区	0.34					0.08	0.26	0.34
夷陵区	147.30				132.81	9.76	4.73	14.49
远安县	6.15					3.97	2.18	6.15
兴山县	2.12					1.10	1.02	2.12
秭归县	8.61					3.27	5.34	8.61
长阳土家族自治县	1.19					0.20	0.99	1.19
五峰土家族自治县	2.62					2.62		2.62
宜都市	30.05				21.32	6.90	1.83	8.73
当阳市	131.65		13.40	13.40	77.20	35.45	5.60	41.05

续表

行政区	合计	大型			中型	小型		
		大（1）型	大（2）型	小计		小（1）型	小（2）型	小计
枝江市	60.91				33.85	22.76	4.30	27.06
襄阳市	**514.81**		**182.10**	**182.10**	**197.18**	**83.55**	**51.99**	**135.53**
襄城区	7.87				4.00	1.57	2.30	3.87
樊城区	15.10				9.70	4.45	0.95	5.40
襄州区	91.66		48.20	48.20	16.08	15.58	11.80	27.38
南漳县	83.47		67.50	67.50	2.00	5.98	7.99	13.97
谷城县	26.15				19.16	4.69	2.30	6.99
保康县	4.57				1.24	3.14	0.19	3.33
老河口市	42.85		16.20	16.20	17.20	6.45	3.00	9.45
枣阳市	193.70		42.90	42.90	100.00	33.50	17.30	50.80
宜城市	49.45		7.30	7.30	27.80	8.19	6.16	14.35
鄂州市	**10.10**				**1.64**	**6.46**	**2.00**	**8.46**
梁子湖区	4.34					3.12	1.22	4.34
鄂城区	5.76				1.64	3.34	0.78	4.12
荆门市	**722.93**	**240.52**	**246.22**	**486.74**	**126.25**	**77.10**	**32.84**	**109.94**
掇刀区	24.49				12.00	10.00	2.49	12.49
东宝区	261.43	240.52		240.52	12.00	6.10	2.81	8.91
屈家岭区	2.65					2.00	0.65	2.65
京山市	208.24		125.00	125.00	49.00	20.00	14.24	34.24
沙洋县	38.99				23.00	14.00	1.99	15.99
钟祥市	187.13		121.22	121.22	30.25	25.00	10.66	35.66
孝感市	**196.06**		**22.40**	**22.40**	**95.44**	**47.42**	**30.80**	**78.22**
孝南区	10.59				4.50	2.23	3.86	6.09
孝昌县	48.02		22.40	22.40	14.50	7.22	3.90	11.12
大悟县	44.16				28.14	10.34	5.68	16.02
云梦县	0.67					0.18	0.50	0.67
应城市	41.66				21.40	12.00	8.26	20.26
安陆市	50.96				26.90	15.45	8.61	24.06
荆州市	**157.06**		**93.00**	**93.00**	**33.00**	**18.00**	**13.06**	**31.06**
荆州区	59.88		41.00	41.00	10.00	4.00	4.88	8.88
公安县	7.18				5.00	2.00	0.18	2.18
石首市	1.00						1.00	1.00
松滋市	89.00		52.00	52.00	18.00	12.00	7.00	19.00

续表

行政区	合计	大型			中型	小型		
		大（1）型	大（2）型	小计		小（1）型	小（2）型	小计
黄冈市	**497.91**	**64.00**	**165.59**	**229.59**	**125.70**	**87.06**	**55.56**	**142.62**
黄州区	1.98					1.90	0.08	1.98
团风县	29.87		15.00	15.00	9.11	3.65	2.12	5.77
红安县	56.99		24.53	24.53	16.91	9.54	6.02	15.55
罗田县	27.50		0.99	0.99	9.13	8.99	8.39	17.38
英山县	25.85		5.20	5.20	4.94	12.44	3.26	15.71
浠水县	79.70	64.00		64.00	7.55	5.46	2.69	8.15
蕲春县	73.16		30.33	30.33	12.34	18.40	12.09	30.49
黄梅县	40.05		13.87	13.87	22.74	1.73	1.71	3.44
麻城市	115.02		75.67	75.67	13.88	12.78	12.69	25.47
武穴市	47.80				29.10	12.17	6.53	18.70
咸宁市	**219.08**		**95.97**	**95.97**	**65.38**	**24.68**	**33.05**	**57.73**
咸安区	32.30		14.30	14.30	7.40	3.64	6.96	10.60
嘉鱼县	38.20		31.48	31.48	3.20	2.00	1.52	3.52
通城县	36.45				24.30	6.55	5.60	12.15
崇阳县	29.99		12.00	12.00	7.88	3.14	6.98	10.12
通山县	16.08				8.60	2.79	4.69	7.48
赤壁市	66.06		38.19	38.19	14.00	6.56	7.32	13.87
随州市	**223.82**		**78.00**	**78.00**	**72.00**	**39.21**	**34.61**	**73.82**
曾都区	30.06		8.00	8.00	10.00	5.06	7.00	12.06
随县	90.94		33.00	33.00	21.00	20.00	16.94	36.94
广水市	102.82		37.00	37.00	41.00	14.15	10.67	24.82
恩施土家族苗族自治州	**60.00**				**7.50**	**40.86**	**11.63**	**52.50**
恩施市	9.86					8.46	1.40	9.86
利川市	12.48				3.50	5.02	3.96	8.98
建始县	3.22				1.00	1.08	1.14	2.22
巴东县	3.71					2.42	1.29	3.71
宣恩县	5.09					4.76	0.32	5.09
咸丰县	2.66					1.90	0.76	2.66
来凤县	21.04				3.00	15.70	2.34	18.04
鹤峰县	1.95					1.52	0.43	1.95
省直管	**7.24**					**2.39**	**4.85**	**7.24**
天门市	7.24					2.39	4.85	7.24

2－8 2023年水库设计供水量

单位：万立方米

行政区	合计	大型			中型	小型		
		大（1）型	大（2）型	小计		小（1）型	小（2）型	小计
湖北省	**2504667.05**	**1284697.00**	**435453.47**	**1720150.47**	**452496.08**	**212578.65**	**119441.85**	**332020.50**
武汉市	**46553.54**		**19500.00**	**19500.00**	**15979.15**	**5679.86**	**5394.53**	**11074.39**
东西湖区	5.00						5.00	5.00
蔡甸区	284.00						284.00	284.00
江夏区	3203.00					1424.00	1779.00	3203.00
黄陂区	36429.30		16000.00	16000.00	14968.00	3243.30	2218.00	5461.30
新洲区	5925.24		3500.00	3500.00	1011.15	601.56	812.53	1414.09
经济技术开发区	8.00						8.00	8.00
东湖新技术开发区	699.00					411.00	288.00	699.00
黄石市	**48925.50**	**6480.00**	**11300.00**	**17780.00**	**10313.00**	**10242.09**	**10590.41**	**20832.50**
西塞山区	136.00						136.00	136.00
下陆区	156.00					67.00	89.00	156.00
铁山区	116.50					91.09	25.41	116.50
阳新县	35342.00	6480.00	11300.00	17780.00	5513.00	4111.00	7938.00	12049.00
大冶市	13175.00				4800.00	5973.00	2402.00	8375.00
十堰市	**1216375.17**	**1165614.00**		**1165614.00**	**24167.86**	**16493.76**	**10099.55**	**26593.31**
茅箭区	3877.90				3450.00	376.80	51.10	427.90
张湾区	17133.70	15614.00		15614.00		1250.00	269.70	1519.70
郧阳区	14193.13				7144.86	4305.62	2742.65	7048.27
郧西县	5861.14				2102.00	2599.20	1159.94	3759.14
竹山县	4409.54				1200.00	2216.04	993.50	3209.54
竹溪县	3970.00				2445.00	628.00	897.00	1525.00
房县	12809.26				7526.00	2917.10	2366.16	5283.26
丹江口市	1154120.50	1150000.00		1150000.00	300.00	2201.00	1619.50	3820.50
宜昌市	**119835.57**	**403.00**	**5350.00**	**5753.00**	**86191.50**	**20480.80**	**7410.27**	**27891.07**
点军区	2686.50				2100.00	500.00	86.50	586.50
猇亭区	239.70					149.70	90.00	239.70
夷陵区	52682.63				48279.00	2941.50	1462.13	4403.63
远安县	2459.90				15.00	1489.10	955.80	2444.90
兴山县	571.75		350.00	350.00		92.00	129.75	221.75

续表

行 政 区	合计	大型			中型	小型		
		大（1）型	大（2）型	小计		小（1）型	小（2）型	小计
秭归县	2020.04					1005.00	1015.04	2020.04
长阳土家族自治县	819.00	403.00		403.00		160.00	256.00	416.00
五峰土家族自治县	1340.00					1310.00	30.00	1340.00
宜都市	13538.90				11700.00	1300.00	538.90	1838.90
当阳市	26483.80		5000.00	5000.00	12750.00	6739.00	1994.80	8733.80
枝江市	16993.35				11347.50	4794.50	851.35	5645.85
襄阳市	**226471.55**		**79564.47**	**79564.47**	**95848.00**	**33786.70**	**17272.38**	**51059.08**
襄城区	5022.03				2904.00	845.30	1272.73	2118.03
樊城区	7765.00				4550.00	2745.00	470.00	3215.00
襄州区	42119.57		21292.47	21292.47	8220.00	8644.00	3963.10	12607.10
南漳县	40471.01		35641.00	35641.00	850.00	1799.00	2181.01	3980.01
谷城县	16066.50				12072.00	2639.80	1354.70	3994.50
保康县	1343.70				400.00	785.60	158.10	943.70
老河口市	18074.00		3000.00	3000.00	10420.00	3807.00	847.00	4654.00
枣阳市	54726.00		12000.00	12000.00	30965.00	7060.00	4701.00	11761.00
宜城市	40883.74		7631.00	7631.00	25467.00	5461.00	2324.74	7785.74
鄂州市	**3989.00**				**952.00**	**2393.00**	**644.00**	**3037.00**
梁子湖区	1608.00					1211.00	397.00	1608.00
鄂城区	2381.00				952.00	1182.00	247.00	1429.00
荆门市	**218745.40**	**80000.00**	**62582.00**	**142582.00**	**37540.00**	**28913.00**	**9710.40**	**38623.40**
掇刀区	7657.80				3766.00	3401.00	490.80	3891.80
东宝区	90163.00	80000.00		80000.00	5570.00	3277.00	1316.00	4593.00
屈家岭区	2378.00					2342.00	36.00	2378.00
京山市	58702.40		35000.00	35000.00	13192.00	7333.00	3177.40	10510.40
沙洋县	11833.60				6580.00	4639.00	614.60	5253.60
钟祥市	48010.60		27582.00	27582.00	8432.00	7921.00	4075.60	11996.60
孝感市	**59749.62**		**3900.00**	**3900.00**	**36940.40**	**13373.70**	**5535.52**	**18909.22**
孝南区	2433.00				1024.00	767.00	642.00	1409.00
孝昌县	8688.30		3900.00	3900.00	3180.00	1103.80	504.50	1608.30
大悟县	19445.25				13632.40	4077.70	1735.15	5812.85
云梦县	179.92					52.50	127.42	179.92
应城市	12280.72				7421.00	3440.50	1419.22	4859.72
安陆市	16722.43				11683.00	3932.20	1107.23	5039.43
荆州市	**50176.00**		**38336.00**	**38336.00**	**6334.00**	**3677.00**	**1829.00**	**5506.00**
荆州区	10204.00		8000.00	8000.00	1080.00	465.00	659.00	1124.00
公安县	1600.00				750.00	850.00		850.00

续表

行政区	合计	大型			中型	小型		
		大（1）型	大（2）型	小计		小（1）型	小（2）型	小计
石首市	333.00					90.00	243.00	333.00
松滋市	38039.00		30336.00	30336.00	4504.00	2272.00	927.00	3199.00
黄冈市	**267931.52**	**32200.00**	**108471.00**	**140671.00**	**69896.00**	**35968.32**	**21396.20**	**57364.52**
黄州区	375.02					353.52	21.50	375.02
团风县	13239.40		5800.00	5800.00	5020.00	1646.00	773.40	2419.40
红安县	31508.00		15245.00	15245.00	9530.00	4817.20	1915.80	6733.00
罗田县	30134.05		12000.00	12000.00	11275.00	4353.00	2506.05	6859.05
英山县	15580.80		6866.00	6866.00	4131.00	3774.00	809.80	4583.80
浠水县	38789.56	32200.00		32200.00	3214.00	2210.00	1165.56	3375.56
蕲春县	46478.99		25480.00	25480.00	7442.00	7476.10	6080.89	13556.99
黄梅县	17402.40		7580.00	7580.00	8760.00	598.00	464.40	1062.40
麻城市	51639.30		35500.00	35500.00	5724.00	5775.50	4639.80	10415.30
武穴市	22784.00				14800.00	4965.00	3019.00	7984.00
咸宁市	**106104.99**		**46590.00**	**46590.00**	**32613.17**	**12869.73**	**14032.09**	**26901.82**
咸安区	13849.25		7800.00	7800.00	2440.00	1447.00	2162.25	3609.25
嘉鱼县	7820.80		6000.00	6000.00	850.00	685.00	285.80	970.80
通城县	18213.54				12974.17	3144.06	2095.31	5239.37
崇阳县	20926.58		9390.00	9390.00	5700.00	1922.50	3914.08	5836.58
通山县	8854.00				3332.00	2040.00	3482.00	5522.00
赤壁市	36440.82		23400.00	23400.00	7317.00	3631.17	2092.65	5723.82
随州市	**112047.60**		**59840.00**	**59840.00**	**27619.00**	**12600.00**	**11988.60**	**24588.60**
曾都区	16654.00		10000.00	10000.00	3902.00	1220.00	1532.00	2752.00
随县	49535.60		23740.00	23740.00	11022.00	7470.00	7303.60	14773.60
广水市	45858.00		26100.00	26100.00	12695.00	3910.00	3153.00	7063.00
恩施土家族苗族自治州	**26693.09**		**20.00**	**20.00**	**8102.00**	**15585.69**	**2985.40**	**18571.09**
恩施市	10753.00				5800.00	4670.00	283.00	4953.00
利川市	3157.95				200.00	2378.05	579.90	2957.95
建始县	2503.80				1322.00	842.30	339.50	1181.80
巴东县	1363.00					850.00	513.00	1363.00
宣恩县	2645.43				280.00	2285.43	80.00	2365.43
咸丰县	2382.00		20.00	20.00		1920.00	442.00	2362.00
来凤县	3120.00				100.00	2390.00	630.00	3020.00
鹤峰县	767.91				400.00	249.91	118.00	367.91
省直管	**1068.50**					**515.00**	**553.50**	**1068.50**
天门市	1068.50					515.00	553.50	1068.50

2－9　2021—2023年泵站数量

单位：处

行政区	2021年		2022年		2023年	
	总数	其中：大型泵站	总数	其中：大型泵站	总数	其中：大型泵站
湖北省	**47533**	**75**	**47480**	**75**	**47574**	**68**
武汉市	6410	16	6352	16	6358	19
黄石市	1433	2	1433	2	1434	2
十堰市	290		289		287	
宜昌市	1102	1	1102	1	1092	1
襄阳市	3258	3	3258	3	3372	3
鄂州市	1024	3	1024	3	1024	3
荆门市	4575	2	4575	2	4581	1
孝感市	3708	9	3709	9	3625	9
荆州市	14166	23	14166	23	14216	14
黄冈市	5149	5	5153	5	5160	6
咸宁市	2705	2	2705	2	2704	2
随州市	250	1	250	1	250	
恩施土家族苗族自治州	58		58		58	
仙桃市	1027	5	1028	5	1030	5
潜江市	387	3	387	3	391	3
天门市	1991		1991		1992	

2－10 2023年泵站数量

单位：处

行政区	合计	按规模分							按功能位置分		
		大型			中型	小型			河湖取水泵站	水库取水泵站	其他
		大（1）型	大（2）型	小计		小（1）型	小（2）型	小计			
湖北省	**47574**	**7**	**61**	**68**	**404**	**3637**	**43465**	**47102**	**23135**	**3915**	**20524**
武汉市	**6358**		**19**	**19**	**63**	**514**	**5762**	**6276**	**1308**	**23**	**5027**
江岸区	13				5	8		8			13
江汉区	10				1	1	8	9			10
硚口区	6						6	6	6		
汉阳区	12				1	2	9	11	4		8
武昌区	24				2	6	16	22	3		21
青山区	46		1	1	5	3	37	40	11		35
洪山区	13		1	1	2	4	6	10	4		9
东西湖区	328		4	4	9	85	230	315	238		90
汉南区	72		1	1	11	16	44	60	15		57
蔡甸区	1421		1	1	8	66	1346	1412	181		1240
江夏区	980		3	3	4	70	903	973	144	23	813
黄陂区	1624		2	2	6	81	1535	1616	268		1356
新洲区	1671		1	1	8	140	1522	1662	375		1296
经济技术开发区	24		2	2		17	5	22	11		13
东湖新技术开发区	102				1	14	87	101	37		65
化学工业区	11		3	3		1	7	8	11		
东湖生态旅游风景区	1						1	1			1
黄石市	**1434**	**1**	**1**	**2**	**15**	**152**	**1265**	**1417**	**1359**	**72**	**3**
黄石港区	12				4	3	5	8	12		
西塞山区	46				1	13	32	45	46		
阳新县	656	1		1	7	78	570	648	655		1
大冶市	720		1	1	3	58	658	716	646	72	2
十堰市	**287**					**25**	**262**	**287**	**99**	**26**	**162**
郧阳区	63					3	60	63	57	6	

续表

行政区	合计	按规模分								按功能位置分		
		大型			中型	小型						
		大（1）型	大（2）型	小计		小（1）型	小（2）型	小计		河湖取水泵站	水库取水泵站	其他
郧西县	34					1	33	34		3	1	30
竹山县	2					2		2		2		
竹溪县	40					1	39	40		5	1	34
房县	37					1	36	37		5		32
丹江口市	111					17	94	111		27	18	66
宜昌市	**1092**		**1**	**1**	**13**	**132**	**946**	**1078**		**918**	**96**	**78**
西陵区	13					5	8	13		6		7
伍家岗区	2					1	1	2		2		
点军区	41					3	38	41		37	4	
猇亭区	2					2		2		2		
夷陵区	69					4	65	69		66	3	
远安县	119						119	119		119		
秭归县	18					2	16	18		18		
长阳土家族自治县	9					6	3	9		9		
五峰土家族自治县	1					1		1		1		
宜都市	136				1	31	104	135		36	29	71
当阳市	405				4	29	372	401		390	15	
枝江市	277		1	1	8	48	220	268		232	45	
襄阳市	**3372**		**3**	**3**	**7**	**239**	**3123**	**3362**		**2696**	**556**	**120**
襄城区	265					8	257	265		260	5	
樊城区	122					6	116	122		100	21	1
襄州区	430		1	1	1	55	373	428		255	56	119
南漳县	452					6	446	452		316	136	
谷城县	71					18	53	71		49	22	
保康县	121					1	120	121		121		
老河口市	199				3	38	158	196		141	58	
枣阳市	1335		2	2	1	43	1289	1332		1135	200	
宜城市	377				2	64	311	375		319	58	
鄂州市	**1024**	**1**	**2**	**3**	**7**	**108**	**906**	**1014**		**1024**		
梁子湖区	255				1	42	212	254		255		
华容区	418				2	28	388	416		418		

续表

行政区	合计	按规模分							按功能位置分		
		大型			中型	小型			河湖取水泵站	水库取水泵站	其他
		大（1）型	大（2）型	小计		小（1）型	小（2）型	小计			
鄂城区	351	1	2	3	4	38	306	344	351		
荆门市	**4581**		**1**	**1**	**24**	**212**	**4344**	**4556**	**1221**	**2107**	**1253**
东宝区	738					14	724	738	581	141	16
掇刀区	388					8	380	388		380	8
京山市	173					20	153	173	84	23	66
沙洋县	1414				10	95	1309	1404	251	3	1160
钟祥市	1752		1	1	13	67	1671	1738	192	1557	3
屈家岭管理区	116				1	8	107	115	113	3	
孝感市	**3625**		**9**	**9**	**40**	**375**	**3201**	**3576**	**3309**	**61**	**255**
孝南区	471		3	3	8	63	397	460	430	14	27
孝昌县	147				1	13	133	146	107	26	14
大悟县	239					7	232	239	230	2	7
云梦县	274				4	6	264	270	274		
应城市	940		1	1	7	65	867	932	850	19	71
安陆市	434				7	53	374	427	373		61
汉川市	1120		5	5	13	168	934	1102	1045		75
荆州市	**14216**	**3**	**11**	**14**	**144**	**802**	**13256**	**14058**	**4838**	**61**	**9317**
沙市区	600		1	1	7	46	546	592	35		565
荆州区	1217	1		1	14	46	1156	1202	194	20	1003
公安县	5185		3	3	21	143	5018	5161	405	5	4775
监利市	759		3	3	35	161	560	721	166		593
江陵县	1190				7	122	1061	1183	1190		
石首市	2499				8	97	2394	2491	2496		3
洪湖市	858	2	4	6	42	111	699	810	246		612
松滋市	1908				10	76	1822	1898	106	36	1766
黄冈市	**5160**		**6**	**6**	**24**	**351**	**4779**	**5130**	**672**	**391**	**4097**
黄州区	399				4	17	378	395	4		395
团风县	846				2	31	813	844	72	30	744
红安县	300		1	1		20	279	299	108	1	191
罗田县	76					5	71	76	16		60

续表

行政区	合计	按规模分							按功能位置分		
		大型			中型	小型			河湖取水泵站	水库取水泵站	其他
		大（1）型	大（2）型	小计		小（1）型	小（2）型	小计			
英山县	91					1	90	91			91
浠水县	577		1	1	2	53	521	574	161		416
蕲春县	665		1	1	5	28	631	659	111	26	528
黄梅县	1290		2	2	6	112	1170	1282	2	332	956
麻城市	641				2	13	626	639	28	2	611
武穴市	275		1	1	3	71	200	271	170		105
咸宁市	**2704**		**2**	**2**	**20**	**101**	**2581**	**2682**	**2257**	**259**	**188**
咸安区	247				2	21	224	245	61		186
嘉鱼县	969		2	2	6	47	914	961	954	13	2
通城县	353						353	353	325	28	
崇阳县	421				1	1	419	420	419	2	
通山县	89					6	83	89	30	59	
赤壁市	625				11	26	588	614	468	157	
随州市	**250**				**1**	**58**	**191**	**249**	**25**	**225**	
曾都区	42					13	29	42		42	
随县	85					17	68	85	25	60	
广水市	123				1	28	94	122		123	
恩施土家族苗族自治州	**58**					**10**	**48**	**58**	**52**	**6**	
恩施市	8					4	4	8	8		
利川市	6					2	4	6	5	1	
建始县	2						2	2	2		
巴东县	7					2	5	7	7		
宣恩县	3						3	3	3		
咸丰县	11					1	10	11	11		
来凤县	18					1	17	18	13	5	
鹤峰县	3						3	3	3		
省直管	**3413**	**2**	**6**	**8**	**46**	**558**	**2801**	**3359**	**3357**	**32**	**24**
仙桃市	1030	1	4	5	15	187	823	1010	1020		10
潜江市	391	1	2	3	11	230	147	377	378		13
天门市	1992				20	141	1831	1972	1959	32	1

2-11 2023年泵站装机功率

单位：千瓦

行政区	合计	大型			中型
		大（1）型	大（2）型	小计	
湖北省	**1490100.00**	**131200.00**	**612460.00**	**743660.00**	**746440.00**
武汉市	**367467.00**		**214600.00**	**214600.00**	**152867.00**
江岸区	15834.00				15834.00
江汉区	1935.00				1935.00
汉阳区	2360.00				2360.00
武昌区	2748.00				2748.00
青山区	33155.00		11250.00	11250.00	21905.00
洪山区	27415.00		23000.00	23000.00	4415.00
东西湖区	72530.00		54600.00	54600.00	17930.00
汉南区	34420.00		16500.00	16500.00	17920.00
蔡甸区	23255.00		6400.00	6400.00	16855.00
江夏区	42255.00		36450.00	36450.00	5805.00
黄陂区	30710.00		13400.00	13400.00	17310.00
新洲区	32610.00		6000.00	6000.00	26610.00
经济技术开发区	20000.00		20000.00	20000.00	
东湖新技术开发区	1240.00				1240.00
化学工业区	27000.00		27000.00	27000.00	
黄石市	**63434.00**	**16000.00**	**9600.00**	**25600.00**	**37834.00**
黄石港区	16720.00				16720.00
西塞山区	1800.00				1800.00
阳新县	28344.00	16000.00		16000.00	12344.00
大冶市	16570.00		9600.00	9600.00	6970.00
宜昌市	**26460.00**		**5835.00**	**5835.00**	**20625.00**
宜都市	1085.00				1085.00

续表

行政区	合计	大型			中型
		大（1）型	大（2）型	小计	
当阳市	3550.00				3550.00
枝江市	21825.00		5835.00	5835.00	15990.00
襄阳市	**42890.00**		**29965.00**	**29965.00**	**12925.00**
襄州区	6470.00		4580.00	4580.00	1890.00
老河口市	5670.00				5670.00
枣阳市	27345.00		25385.00	25385.00	1960.00
宜城市	3405.00				3405.00
鄂州市	**68673.00**	**24000.00**	**32000.00**	**56000.00**	**12673.00**
梁子湖区	930.00				930.00
华容区	2928.00				2928.00
鄂城区	64815.00	24000.00	32000.00	56000.00	8815.00
荆门市	**64640.00**		**6900.00**	**6900.00**	**57740.00**
屈家岭管理区	1400.00				1400.00
沙洋县	30360.00		3150.00	3150.00	27210.00
钟祥市	32880.00		3750.00	3750.00	29130.00
孝感市	**166507.00**		**86900.00**	**86900.00**	**79607.00**
孝南区	29980.00		15700.00	15700.00	14280.00
孝昌县	1960.00				1960.00
云梦县	16780.00				16780.00
应城市	21145.00		8000.00	8000.00	13145.00
安陆市	11877.00				11877.00
汉川市	84765.00		63200.00	63200.00	21565.00
荆州市	**370763.00**	**52800.00**	**111400.00**	**164200.00**	**206563.00**
沙市区	8200.00				8200.00
荆州区	55500.00	16800.00	10800.00	27600.00	27900.00

续表

行政区	合计	大型			中型
		大（1）型	大（2）型	小计	
公安县	59565.00		22200.00	22200.00	37365.00
监利市	70350.00		26800.00	26800.00	43550.00
江陵县	8205.00				8205.00
石首市	19290.00				19290.00
洪湖市	130028.00	36000.00	51600.00	87600.00	42428.00
松滋市	19625.00				19625.00
黄冈市	**87350.00**		**27860.00**	**27860.00**	**59490.00**
黄州区	17350.00				17350.00
团风县	9500.00				9500.00
浠水县	10860.00		6260.00	6260.00	4600.00
蕲春县	14090.00		4800.00	4800.00	9290.00
黄梅县	22010.00		12000.00	12000.00	10010.00
麻城市	2260.00				2260.00
武穴市	11280.00		4800.00	4800.00	6480.00
咸宁市	**56065.00**		**19000.00**	**19000.00**	**37065.00**
咸安区	2055.00				2055.00
嘉鱼县	34270.00		19000.00	19000.00	15270.00
崇阳县	1240.00				1240.00
赤壁市	18500.00				18500.00
随州市	**9.13**				**9.13**
广水市	9.13				9.13
省直管	**175842.00**	**38400.00**	**68400.00**	**106800.00**	**69042.00**
仙桃市	99045.00	21600.00	54000.00	75600.00	23445.00
潜江市	48407.00	16800.00	14400.00	31200.00	17207.00
天门市	28390.00				28390.00

2-12 2023年泵站装机流量

单位：立方米每秒

行政区	合计	大型			中型
		大（1）型	大（2）型	小计	
湖北省	**13404.89**	**1476.00**	**5331.35**	**6807.35**	**6597.54**
武汉市	**2742.85**		**1705.97**	**1705.97**	**1036.88**
江岸区	94.55				94.55
江汉区	11.33				11.33
汉阳区	7.00				7.00
武昌区	8.00				8.00
青山区	183.47		113.67	113.67	69.80
洪山区	123.83		112.50	112.50	11.33
东西湖区	643.35		462.60	462.60	180.75
汉南区	269.42		125.00	125.00	144.42
蔡甸区	223.00		67.20	67.20	155.80
江夏区	325.50		304.00	304.00	21.50
黄陂区	259.40		124.00	124.00	135.40
新洲区	244.00		50.00	50.00	194.00
经济技术开发区	171.00		171.00	171.00	
东湖新技术开发区	3.00				3.00
化学工业区	176.00		176.00	176.00	
黄石市	**582.06**	**200.00**	**120.00**	**320.00**	**262.06**
黄石港区	80.76				80.76
西塞山区	20.00				20.00
阳新县	304.00	200.00		200.00	104.00
大冶市	177.30		120.00	120.00	57.30
宜昌市	**326.23**		**54.72**	**54.72**	**271.51**
宜都市	11.24				11.24

续表

行　政　区	合计	大　型			中型
		大（1）型	大（2）型	小计	
当阳市	108.00				108.00
枝江市	206.99		54.72	54.72	152.27
襄阳市	**113.97**		**72.52**	**72.52**	**41.45**
襄州区	16.50		11.40	11.40	5.10
老河口市	15.30				15.30
枣阳市	65.32		61.12	61.12	4.20
宜城市	16.85				16.85
鄂州市	**565.29**	**214.00**	**225.00**	**439.00**	**126.29**
梁子湖区	15.40				15.40
华容区	18.37				18.37
鄂城区	531.52	214.00	225.00	439.00	92.52
荆门市	**470.82**		**100.00**	**100.00**	**370.82**
屈家岭管理区	20.00				20.00
沙洋县	177.60		50.00	50.00	127.60
钟祥市	273.22		50.00	50.00	223.22
孝感市	**1542.23**		**954.00**	**954.00**	**588.23**
孝南区	287.60		183.00	183.00	104.60
孝昌县	4.90				4.90
云梦县	166.00				166.00
应城市	183.20		85.00	85.00	98.20
安陆市	31.63				31.63
汉川市	868.90		686.00	686.00	182.90
荆州市	**3856.32**	**640.00**	**1004.60**	**1644.60**	**2211.72**
沙市区	109.80				109.80
荆州区	481.21	200.00	55.00	255.00	226.21

续表

行　政　区	合计	大　型			中型
		大（1）型	大（2）型	小计	
公安县	573.53		222.00	222.00	351.53
监利市	723.50		231.80	231.80	491.70
江陵县	109.50				109.50
石首市	212.40				212.40
洪湖市	1483.00	440.00	495.80	935.80	547.20
松滋市	163.38				163.38
黄冈市	**837.01**		**259.14**	**259.14**	**577.87**
黄州区	157.00				157.00
团风县	84.90				84.90
浠水县	99.27		54.00	54.00	45.27
蕲春县	144.35		53.14	53.14	91.21
黄梅县	219.00		102.00	102.00	117.00
麻城市	18.59				18.59
武穴市	113.90		50.00	50.00	63.90
咸宁市	**469.00**		**152.00**	**152.00**	**317.00**
咸安区	25.90				25.90
嘉鱼县	260.58		152.00	152.00	108.58
崇阳县	10.12				10.12
赤壁市	172.40				172.40
随州市	**9.13**				**9.13**
广水市	9.13				9.13
省直管	**1889.98**	**422.00**	**683.40**	**1105.40**	**784.58**
仙桃市	995.44	202.00	501.00	703.00	292.44
潜江市	618.40	220.00	182.40	402.40	216.00
天门市	276.14				276.14

2-13 2021—2023年水闸数量

单位：座

行政区	2021年		2022年		2023年	
	总数	其中：大型水闸	总数	其中：大型水闸	总数	其中：大型水闸
湖北省	**22009**	**24**	**21999**	**25**	**21990**	**25**
武汉市	1776	2	1743	2	1743	2
黄石市	436	4	436	4	436	4
十堰市	1		1			
宜昌市	1045	1	1035	1	1033	1
襄阳市	900		900		894	
鄂州市	163	1	164	1	164	1
荆门市	799		802		802	
孝感市	1631	3	1633	3	1633	3
荆州市	8191	2	8195	2	8195	2
黄冈市	2777	2	2784	2	2784	2
咸宁市	1201	4	1212	5	1212	5
随州市	273	2	276	2	276	2
恩施州	4	1	4	1	4	1
仙桃市	1680	1	1680	1	1680	1
潜江市	337	1	339	1	339	1
天门市	795		795		795	

2－14　2023年水闸数量

单位：座

行政区	合计	按规模分						
		大型			中型	小型		
		大（1）型	大（2）型	小计		小（1）型	小（2）型	小计
湖北省	**21990**	**6**	**19**	**25**	**185**	**840**	**20940**	**21780**
武汉市	**1743**	**1**	**1**	**2**	**19**	**86**	**1636**	**1722**
江岸区	5					1	4	5
江汉区	1					1		1
硚口区	2					2		2
汉阳区	7						7	7
武昌区	2					2		2
青山区	3						3	3
洪山区	6				1	1	4	5
东西湖区	529				4	16	509	525
汉南区	153					3	150	153
蔡甸区	137				5	12	120	132
江夏区	142				2	5	135	140
黄陂区	304					21	283	304
新洲区	424	1		1	7	12	404	416
经济技术开发区	21		1	1		5	15	20
东湖新技术开发区	4					2	2	4
化学工业区	3					3		3
黄石市	**436**		**4**	**4**	**10**	**30**	**392**	**422**
黄石港区	4					3	1	4
西塞山区	13					3	10	13
铁山区	3				1		2	2
阳新县	199		3	3	3	10	183	193
大冶市	217		1	1	6	14	196	210
宜昌市	**1033**		**1**	**1**	**7**	**37**	**988**	**1025**
点军区	13						13	13
猇亭区	3					1	2	3
夷陵区	42						42	42
远安县	41					1	40	41
宜都市	102					1	101	102
当阳市	334		1	1	5	16	312	328
枝江市	498				2	18	478	496

续表

行政区	合计	按规模分						
		大型			中型	小型		
		大（1）型	大（2）型	小计		小（1）型	小（2）型	小计
襄阳市	**894**				**2**	**36**	**856**	**892**
襄城区	71					1	70	71
樊城区	20					2	18	20
襄州区	78					9	69	78
南漳县	269					6	263	269
谷城县	33						33	33
保康县	8						8	8
老河口市	29				1		28	28
枣阳市	90					3	87	90
宜城市	296				1	15	280	295
鄂州市	**164**		**1**	**1**	**4**	**6**	**153**	**159**
梁子湖区	55				1		54	54
华容区	49					3	46	49
鄂城区	60		1	1	3	3	53	56
荆门市	**802**				**17**	**93**	**692**	**785**
东宝区	50				1	7	42	49
掇刀区	25				2	2	21	23
京山市	131				3	22	106	128
沙洋县	293				5	19	269	288
钟祥市	237				6	42	189	231
屈家岭管理区	66					1	65	66
孝感市	**1633**	**1**	**2**	**3**	**21**	**85**	**1524**	**1609**
孝南区	168				9	12	147	159
孝昌县	107						107	107
大悟县	67						67	67
云梦县	238				1	18	219	237
应城市	202		1	1	1	27	173	200
安陆市	144	1		1		10	133	143
汉川市	707		1	1	10	18	678	696
荆州市	**8195**	**1**	**1**	**2**	**27**	**202**	**7964**	**8166**
沙市区	290				1	4	285	289
荆州区	448				2	12	434	446
公安县	2126	1	1	2	4	24	2096	2120
监利市	2030				7	39	1984	2023
江陵县	966					20	946	966

续表

行　政　区	合计	按　规　模　分						
		大　型			中型	小　型		
		大（1）型	大（2）型	小计		小（1）型	小（2）型	小计
石首市	718				1	15	702	717
洪湖市	1146				12	77	1057	1134
松滋市	471					11	460	471
黄冈市	**2784**	**1**	**1**	**2**	**20**	**100**	**2662**	**2762**
黄州区	147				4	10	133	143
团风县	358					6	352	358
红安县	60					1	59	60
罗田县	110				1		109	109
英山县	5						5	5
浠水县	169	1	1	2		4	163	167
蕲春县	731				6	16	709	725
黄梅县	683				5	31	647	678
麻城市	238					24	214	238
武穴市	283				4	8	271	279
咸宁市	**1212**		**5**	**5**	**30**	**44**	**1133**	**1177**
咸安区	139		1	1	14	11	113	124
嘉鱼县	318				2	13	303	316
通城县	416				6	5	405	410
崇阳县	75		1	1	2	1	71	72
通山县	51		2	2	6	5	38	43
赤壁市	213		1	1		9	203	212
随州市	**276**		**2**	**2**	**5**	**8**	**261**	**269**
曾都区	49		2	2	1		46	46
随县	131				1		130	130
广水市	96				3	8	85	93
恩施土家族苗族自治州	**4**		**1**	**1**			**3**	**3**
恩施市	1						1	1
建始县	1						1	1
巴东县	1		1	1				
来凤县	1						1	1
省直管	**2814**	**2**		**2**	**23**	**113**	**2676**	**2789**
仙桃市	1680	1		1	15	57	1607	1664
潜江市	339	1		1	5	34	299	333
天门市	795				3	22	770	792

2-15　2023年规模以上（5立方米每秒及以上）水闸数量

单位：座

行政区	合计	按水闸类型分			
		分（泄）洪闸	节制闸	排（退）水闸	引（进）水闸
湖北省	**6788**	**658**	**2896**	**1909**	**1325**
武汉市	**392**	**34**	**122**	**167**	**69**
江岸区	5			5	
江汉区	1			1	
硚口区	2			2	
汉阳区	3			3	
武昌区	2			2	
青山区	3		1	2	
洪山区	6		5	1	
东西湖区	42		34	7	1
汉南区	9			9	
蔡甸区	72	2	29	37	4
江夏区	38		9	27	2
黄陂区	74	24	24	5	21
新洲区	121	8	20	52	41
经济技术开发区	7			7	
东湖新技术开发区	4			4	
化学工业区	3			3	
黄石市	**144**	**18**	**44**	**69**	**13**
黄石港区	3			3	
西塞山区	5			5	
铁山区	1			1	
阳新县	76	18	8	44	6
大冶市	59		36	16	7
宜昌市	**232**	**61**	**72**	**65**	**34**
猇亭区	3	1	1	1	
夷陵区	16	11	5		
远安县	29	15	1	10	3
宜都市	14	3	2	6	3
当阳市	69	22	19	13	15

续表

行政区	合计	按水闸类型分			
		分（泄）洪闸	节制闸	排（退）水闸	引（进）水闸
枝江市	101	9	44	35	13
襄阳市	**282**	**67**	**50**	**66**	**99**
襄城区	4			4	
樊城区	12	3		6	3
襄州区	42	2	2	23	15
南漳县	36	17	12		7
谷城县	3			3	
老河口市	29	9	9		11
枣阳市	44	2	15	4	23
宜城市	112	34	12	26	40
鄂州市	**32**	**1**	**6**	**10**	**15**
梁子湖区	1		1		
华容区	7	1	2	1	3
鄂城区	24		3	9	12
荆门市	**338**	**68**	**112**	**93**	**65**
东宝区	27	5	15		7
掇刀区	12	4	3		5
京山市	96	42	36	4	14
沙洋县	79	3	26	26	24
钟祥市	124	14	32	63	15
孝感市	**654**	**36**	**311**	**235**	**72**
孝南区	61		24	28	9
孝昌县	38	16	10		12
大悟县	7	5			2
云梦县	75	1	17	41	16
应城市	74	1	19	45	9
安陆市	47	10	31		6
汉川市	352	3	210	121	18
荆州市	**2495**	**20**	**1419**	**549**	**507**
沙市区	36	1	18	11	6
荆州区	69	1	38	16	14
公安县	251	2	153	57	39
监利市	1184	3	757	250	174

续表

行政区	合计	按水闸类型分			
		分（泄）洪闸	节制闸	排（退）水闸	引（进）水闸
江陵县	221	2	129	88	2
石首市	147		80	34	33
洪湖市	468		221	68	179
松滋市	119	11	23	25	60
黄冈市	**723**	**165**	**263**	**151**	**144**
黄州区	35		9	21	5
团风县	123	62	50	6	5
红安县	12	1	7		4
罗田县	6				6
浠水县	55	1	39	15	
蕲春县	140	55	50	11	24
黄梅县	206	9	54	60	83
麻城市	82	25	15	34	8
武穴市	64	12	39	4	9
咸宁市	**281**	**52**	**133**	**68**	**28**
咸安区	39	2	25	2	10
嘉鱼县	64	1	19	39	5
通城县	21		15		6
崇阳县	32	13	11	6	2
通山县	38	1	36		1
赤壁市	87	35	27	21	4
随州市	**161**	**103**	**26**	**15**	**17**
曾都区	49	30	9	1	9
随县	19		1	14	4
广水市	93	73	16		4
恩施土家族苗族自治州	**3**		**1**		**2**
建始县	1				1
巴东县	1		1		
来凤县	1				1
省直管	**1051**	**33**	**337**	**421**	**260**
仙桃市	464	1	129	195	139
潜江市	336		116	128	92
天门市	251	32	92	98	29

2-16 2023年农村水电站数量

单位：座

行　政　区	合计	按装机容量分		
		1万（含）～5万千瓦（含）	0.1万（含）～1万千瓦	0.1万千瓦以下
湖北省	**1552**	**89**	**566**	**897**
黄石市	**14**	**1**	**2**	**11**
阳新县	13	1	2	10
大冶市	1			1
十堰市	**231**	**20**	**82**	**129**
郧阳区	26		10	16
郧西县	18	3	9	6
竹山县	26	2	8	16
竹溪县	56	7	21	28
房县	97	8	30	59
丹江口市	8		4	4
宜昌市	**451**	**19**	**202**	**230**
点军区	3			3
夷陵区	53	1	31	21
远安县	22		11	11
兴山县	87	5	45	37
秭归县	107	1	31	75
长阳土家族自治县	67	5	29	33
五峰土家族自治县	82	5	45	32
宜都市	16	2	5	9
当阳市	11		3	8
宜昌市直	3		2	1
襄阳市	**125**	**5**	**35**	**85**
襄阳区	10		6	4

续表

行　政　区	合计	按装机容量分		
		1万（含）～5万千瓦（含）	0.1万（含）～1万千瓦	0.1万千瓦以下
南漳县	21	1	4	16
谷城县	21	2	6	13
保康县	46	1	14	31
老河口市	13			13
枣阳市	1			1
宜城市	3			3
引丹工程管理局	6	1	4	1
三道河工程管理局	3		1	2
熊河水库管理处	1			1
荆门市	**32**		**7**	**25**
东宝区	3			3
京山市	7		2	5
沙洋县	1			1
钟祥市	10		3	7
荆门市直	11		2	9
孝感市	**10**		**4**	**6**
大悟县	5		2	3
安陆市	2		1	1
孝感市直	3		1	2
荆州市	**8**	**1**	**7**	
荆州区	1		1	
松滋市	7	1	6	
黄冈市	**166**		**41**	**125**
团风县	7		2	5
红安县	13		3	10
罗田县	46		7	39
英山县	35		9	26

续表

行政区	合计	按装机容量分		
		1万（含）~5万千瓦（含）	0.1万（含）~1万千瓦	0.1万千瓦以下
浠水县	8		2	6
蕲春县	25		8	17
黄梅县	12		4	8
麻城市	17		4	13
武穴市	3		2	1
咸宁市	**148**	**1**	**38**	**109**
咸安区	13		4	9
通城县	50		10	40
崇阳县	21	1	3	17
通山县	49		16	33
赤壁市	15		5	10
随州市	**36**		**7**	**29**
曾都区	4			4
随县	26		3	23
广水市	6		4	2
恩施土家族苗族自治州	**268**	**35**	**111**	**122**
恩施市	36	7	17	12
利川市	29	6	17	6
建始县	44	3	16	25
巴东县	36	4	21	11
宣恩县	34	3	13	18
咸丰县	13	3	2	8
来凤县	17	2	6	9
鹤峰县	59	7	19	33
省直管	**63**	**7**	**30**	**26**
天门市	3			3
神农架林区	54	5	27	22
厅直单位	6	2	3	1

2-17　2023年农村水电年末发电设备拥有量

单位：千瓦

行　政　区	合计	按装机容量分		
		1万（含）～5万千瓦（含）	0.1万（含）～1万千瓦	0.1万千瓦以下
湖北省	**3669103**	**1785750**	**1513765**	**369588**
黄石市	**46715**	**37000**	**6000**	**3715**
阳新县	46305	37000	6000	3305
大冶市	410			410
十堰市	**558060**	**276300**	**222000**	**59760**
郧阳区	31550		24070	7480
郧西县	60220	39000	19060	2160
竹山县	50085	20200	22710	7175
竹溪县	186215	104500	67740	13975
房县	223685	112600	82820	28265
丹江口市	6305		5600	705
宜昌市	**1008090**	**365320**	**539840**	**102930**
点军区	1450			1450
夷陵区	100720	18900	74730	7090
远安县	40270		36370	3900
兴山县	238390	94100	124590	19700
秭归县	119510	18000	70190	31320
长阳土家族自治县	187205	84900	83890	18415
五峰土家族自治县	238200	107500	116660	14040
宜都市	58955	41920	14500	2535
当阳市	13190		9110	4080
宜昌市直	10200		9800	400
襄阳市	**230565**	**104300**	**90240**	**36025**
襄阳区	11955		10260	1695

续表

行 政 区	合计	按装机容量分		
		1万（含）～5万千瓦（含）	0.1万（含）～1万千瓦	0.1万千瓦以下
南漳县	45855	31600	9110	5145
谷城县	56605	37200	14190	5215
保康县	81785	25500	40180	16105
老河口市	4170			4170
枣阳市	250			250
宜城市	1275			1275
引丹工程管理局	21000	10000	10500	500
三道河工程管理局	7270		6000	1270
熊河水库管理处	400			400
荆门市	**30240**		**18905**	**11335**
东宝区	850			850
京山市	5605		2920	2685
沙洋县	650			650
钟祥市	11465		7585	3880
荆门市直	11670		8400	3270
孝感市	**12555**		**9485**	**3070**
大悟县	4005		2335	1670
安陆市	6300		5850	450
孝感市直	2250		1300	950
荆州市	**27660**	**14200**	**13460**	
荆州区	1000		1000	
松滋市	26660	14200	12460	
黄冈市	**141475**		**102795**	**38680**
团风县	5205		3150	2055
红安县	6785		3190	3595
罗田县	43210		33450	9760
英山县	25960		19280	6680

续表

行政区	合计	按装机容量分		
		1万（含）～5万千瓦（含）	0.1万（含）～1万千瓦	0.1万千瓦以下
浠水县	14160		12200	1960
蕲春县	21185		15245	5940
黄梅县	9570		5670	3900
麻城市	12550		7920	4630
武穴市	2850		2690	160
咸宁市	**115315**	**10500**	**64635**	**40180**
咸安区	8205		4710	3495
通城县	25210		14030	11180
崇阳县	23385	10500	6150	6735
通山县	40610		25145	15465
赤壁市	17905		14600	3305
随州市	**21133**		**12800**	**8333**
曾都区	1560			1560
随县	10313		4600	5713
广水市	9260		8200	1060
恩施土家族苗族自治州	**1205430**	**788700**	**362995**	**53735**
恩施市	261295	197300	60010	3985
利川市	207310	145400	58140	3770
建始县	107615	51000	46590	10025
巴东县	174740	95000	73380	6360
宣恩县	106750	62000	36760	7990
咸丰县	66965	51000	12400	3565
来凤县	71720	52000	16310	3410
鹤峰县	209035	135000	59405	14630
省直管	**271865**	**189430**	**70610**	**11825**
天门市	2245			2245
神农架林区	193880	122430	62510	8940
厅直管	75740	67000	8100	640

2－18　2023年农村水电全年发电量

单位：万千瓦时

行　政　区	合计	按装机容量分		
		1万（含）～5万千瓦（含）	0.1万（含）～1万千瓦	0.1万千瓦以下
湖北省	**1033146.81**	**521465.75**	**435392.33**	**76288.73**
黄石市	**46.00**			**46.00**
阳新县	34.00			34.00
大冶市	12.00			12.00
十堰市	**198637.72**	**101944.40**	**77567.16**	**19126.16**
郧阳区	9516.66		8191.93	1324.73
郧西县	13601.00	10266.00	3028.00	307.00
竹山县	12183.33	5605.00	5770.60	807.73
竹溪县	51564.00	26974.00	19324.00	5266.00
房县	110978.63	59099.40	40485.63	11393.60
丹江口市	794.10		767.00	27.10
宜昌市	**251570.90**	**85968.83**	**143391.16**	**22210.91**
夷陵区	25520.28	4072.54	19542.93	1904.81
远安县	7300.66		6746.87	553.79
兴山县	69398.60	25448.69	38523.71	5426.20
秭归县	27913.00	5200.00	16508.00	6205.00
长阳土家族自治县	48710.66	19600.05	25165.99	3944.62
五峰土家族自治县	57030.54	24009.54	29941.58	3079.42
宜都市	10598.39	7638.01	2641.84	318.54
当阳市	2442.74		1747.21	695.53
宜昌市直	2656.03		2573.03	83.00
襄阳市	**71645.25**	**32814.70**	**32118.13**	**6712.42**
襄阳区	3239.00		2864.00	375.00
南漳县	9119.31	6810.20	1575.39	733.72
谷城县	20115.00	13880.00	5584.50	650.50

续表

行　政　区	合计	按装机容量分		
		1万（含）～5万千瓦（含）	0.1万（含）～1万千瓦	0.1万千瓦以下
保康县	26398.42	7742.00	14603.42	4053.00
老河口市	315.00			315.00
枣阳市	51.00			51.00
宜城市	113.28			113.28
引丹工程管理局	10694.68	4382.50	6124.42	187.76
三道河工程管理局	1581.70		1366.40	215.30
熊河水库管理处	17.86			17.86
荆门市	**12340.30**		**11102.30**	**1238.00**
京山市	264.00		85.00	179.00
沙洋县	219.00			219.00
钟祥市	1372.30		1061.30	311.00
荆门市直	10485.00		9956.00	529.00
孝感市	**1913.59**		**1731.75**	**181.84**
孝感市	173.00		50.00	123.00
大悟县	188.59		151.75	36.84
安陆市	1552.00		1530.00	22.00
荆州市	**7842.00**	**4700.00**	**3142.00**	
荆州区	236.00		236.00	
松滋市	7606.00	4700.00	2906.00	
黄冈市	**21595.30**		**18399.86**	**3195.44**
团风县	452.80		330.00	122.80
红安县	344.21		230.98	113.23
罗田县	7791.57		7229.58	561.99
英山县	4713.95		4012.00	701.95
浠水县	2355.00		2300.00	55.00
蕲春县	3967.00		3220.00	747.00

续表

行政区	合计	按装机容量分		
		1万（含）～5万千瓦（含）	0.1万（含）～1万千瓦	0.1万千瓦以下
黄梅县	847.47		564.00	283.47
麻城市	694.30		124.30	570.00
武穴市	429.00		389.00	40.00
咸宁市	**16528.70**	**1587.00**	**10182.46**	**4759.24**
咸安区	492.53		239.35	253.18
通城县	6121.70		3880.00	2241.70
崇阳县	2929.20	1587.00	957.00	385.20
通山县	4492.45		2653.07	1839.38
赤壁市	2492.82		2453.04	39.78
随州市	**1761.08**		**1297.75**	**463.33**
曾都区	43.50			43.50
随县	917.38		497.55	419.83
广水市	800.20		800.20	
恩施土家族苗族自治州	**383688.71**	**259954.31**	**108989.75**	**14744.65**
恩施市	111283.87	92924.04	17206.54	1153.29
利川市	66146.30	46800.26	18458.33	887.71
建始县	26888.16	12144.00	12105.76	2638.40
巴东县	59091.01	32228.04	24674.82	2188.15
宣恩县	27293.21	14740.92	10197.94	2354.35
咸丰县	14685.42	10111.90	3789.00	784.52
来凤县	18000.28	13007.14	4080.58	912.56
鹤峰县	60300.46	37998.01	18476.78	3825.67
省直管	**65577.26**	**34496.51**	**27470.01**	**3610.74**
天门市	160.80			160.80
神农架林区	60393.89	34496.51	22447.44	3449.94
厅直管	5022.57		5022.57	

2-19 2021—2023年堤防长度

单位：千米

行政区	2021年		2022年		2023年	
	总长度	其中：1级、2级堤防长度	总长度	其中：1级、2级堤防长度	总长度	其中：1级、2级堤防长度
湖北省	**24287.91**	**3377.04**	**24377.12**	**3378.54**	**21485.49**	**3327.07**
武汉市	2015.59	336.77	2015.59	336.77	1903.22	339.74
黄石市	1333.91	62.92	1333.91	62.92	1187.33	83.02
十堰市	583.52		643.01		1.46	
宜昌市	563.46		579.10		554.76	
襄阳市	1381.73	192.89	1390.17	192.89	1200.40	189.80
鄂州市	441.49	83.22	441.49	83.22	277.14	90.69
荆门市	628.15	323.67	628.15	323.67	612.22	330.97
孝感市	1869.66	218.48	1869.66	218.48	1477.90	196.14
荆州市	4225.36	1384.62	4219.54	1384.62	4151.93	1311.23
黄冈市	6313.34	195.62	6313.34	195.62	5013.85	202.37
咸宁市	2115.49	40.45	2116.99	41.95	2116.99	41.95
随州市	224.82		229.82		82.31	
恩施土家族苗族自治州	414.37		419.33		419.33	
仙桃市	772.98	229.33	772.98	229.33	773.56	229.90
潜江市	546.71	171.37	546.71	171.37	612.13	173.56
天门市	857.33	137.70	857.33	137.70	1100.96	137.70

2－20　2023年堤防长度

单位：千米

行政区	合计	按所处位置分			按等级分					
		河（江）堤	湖堤	圩垸、围堤	1级堤防	2级堤防	3级堤防	4级堤防	5级堤防	5级以下堤防
湖北省	**21485.49**	**16044.18**	**1158.48**	**4282.83**	**608.99**	**2718.08**	**1975.43**	**3856.69**	**6664.54**	**5661.76**
武汉市	**1903.22**	**1159.96**	**163.46**	**579.80**	**182.08**	**157.66**	**331.86**	**172.59**	**611.54**	**447.49**
江岸区	33.76	33.76			22.33	5.71	5.72			
江汉区	5.15	5.15			5.15					
硚口区	25.25	25.25			25.25					
汉阳区	30.32	30.32			30.32					
武昌区	22.74	22.74			22.74					
青山区	20.43	20.43			20.43					
洪山区	32.93	15.13		17.80	15.13			17.80		
东西湖区	98.06	98.06				34.65	52.26	11.15		
汉南区	95.58	86.02		9.56		50.25		37.54	7.79	
蔡甸区	230.88	81.80	12.91	136.17	10.67	21.31	24.88	26.24	147.78	
江夏区	218.95	149.43	69.52		5.62	23.75		15.56	49.39	124.63
黄陂区	502.38	124.06	40.65	337.67			86.72		92.80	322.86
新洲区	512.12	417.44	40.38	54.30			157.23	62.53	292.36	
经济技术开发区	57.03	32.73		24.30	10.68	19.88	5.05		21.42	
东湖新技术开发区	4.78	4.78			2.67	2.11				
化学工业区	12.86	12.86			11.09			1.77		
黄石市	**1187.33**	**639.76**	**116.81**	**430.76**	**28.27**	**54.75**	**32.35**	**226.32**	**431.28**	**414.36**
黄石港区	11.67	6.72	2.70	2.25	6.72				2.70	2.25
西塞山区	37.08	20.28	16.80		20.28				2.50	14.30
铁山区	31.19	9.34	8.81	13.04		14.81		11.15	5.23	
阳新县	673.87	321.71	70.43	281.73		25.32	31.58	146.21	188.95	281.81
大冶市	433.52	281.71	18.07	133.74	1.27	14.62	0.77	68.96	231.90	116.00
十堰市	**1.46**	**1.46**							**1.46**	
竹山县	1.46	1.46							1.46	
宜昌市	**554.76**	**547.93**	**6.83**				**152.80**	**210.49**	**191.47**	
猇亭区	12.42	12.42							12.42	
远安县	11.77	11.77							11.77	
宜都市	65.57	65.57						41.43	24.14	
当阳市	204.24	197.41	6.83					169.06	35.18	

续表

行政区	合计	按所处位置分			按等级分					
		河（江）堤	湖堤	圩垸、围堤	1级堤防	2级堤防	3级堤防	4级堤防	5级堤防	5级以下堤防
枝江市	260.76	260.76					152.80		107.96	
襄阳市	**1200.40**	**1200.40**				**189.80**	**31.33**	**258.79**	**139.29**	**581.19**
襄城区	89.96	89.96				35.42		50.58	3.96	
樊城区	52.56	52.56				32.84	12.56	7.16		
襄阳区	160.29	160.29				26.67		115.52	18.10	
南漳县	92.95	92.95						15.77	31.18	46.00
谷城县	75.03	75.03					7.40	31.87	35.76	
保康县	355.95	355.95						20.60	40.16	295.19
老河口市	11.42	11.42				6.25	5.17			
宜城市	340.24	340.24				72.82		17.29	10.13	240.00
东津区	22.00	22.00				15.80	6.20			
鄂州市	**277.14**	**205.58**	**47.16**	**24.40**		**90.69**	**28.41**	**39.77**	**118.27**	
梁子湖区	74.56	44.70	15.93	13.93		15.93		13.93	44.70	
华容区	83.86	66.83	14.93	2.10		31.62	2.27	13.86	36.11	
鄂城区	118.72	94.05	16.30	8.37		43.14	26.14	11.98	37.46	
荆门市	**612.22**	**503.27**	**31.00**	**77.95**	**39.46**	**291.51**	**9.62**	**85.36**	**186.27**	
京山市	15.62	15.62							15.62	
沙洋县	205.07	180.27	11.75	13.05		55.01		85.36	64.70	
钟祥市	391.53	307.38	19.25	64.90	39.46	236.50	9.62		105.95	
孝感市	**1477.90**	**1350.62**	**127.28**			**196.14**	**282.07**	**281.96**	**657.26**	**60.47**
孝南区	272.51	217.00	55.51			35.02	89.62	27.54	120.33	
孝昌县	21.71	21.71					11.56	8.75	1.40	
云梦县	168.14	168.14					62.62	24.89	80.63	
应城市	288.57	231.09	57.48				27.21	45.04	155.85	60.47
安陆市	37.47	37.47				2.90	12.99	15.55	6.03	
汉川市	689.50	675.21	14.29			158.22	78.07	160.19	293.02	
荆州市	**4151.93**	**3523.37**	**303.54**	**325.02**	**343.38**	**967.85**	**831.10**	**1363.66**	**645.94**	
沙市区	185.70	148.44	26.26	11.00	38.13	1.45		124.12	22.00	
荆州区	237.87	147.72	40.12	50.03	73.63	10.26	54.97	85.65	13.36	
公安县	944.10	654.97	89.74	199.39	22.00	382.49	300.79	167.48	71.34	
监利市	587.20	524.95	27.68	34.57	75.32	132.22	78.64	270.13	30.89	
江陵县	536.75	536.75			66.00			137.14	333.61	
石首市	594.40	594.40				115.47	175.84	242.28	60.81	
洪湖市	690.32	540.55	119.74	30.03	37.00	252.52	105.59	191.66	103.55	
松滋市	330.49	330.49				70.89	115.27	133.95	10.38	

续表

行政区	合计	按所处位置分			按等级分					
		河（江）堤	湖堤	圩垸、围堤	1级堤防	2级堤防	3级堤防	4级堤防	5级堤防	5级以下堤防
荆州市辖区	45.10	45.10			31.30	2.55		11.25		
黄冈市	**5013.85**	**2365.37**	**90.16**	**2558.32**		**202.37**	**128.47**	**509.37**	**1694.56**	**2479.08**
黄州区	193.52	167.20	3.27	23.05		59.57	6.17	49.12	78.66	
团风县	409.27	242.00		167.27		16.84	5.57	64.51	172.13	150.22
红安县	98.12	45.97		52.15				0.23	45.75	52.14
罗田县	709.15	203.68		505.47				52.85	150.84	505.46
英山县	676.45	215.65		460.80					215.65	460.80
浠水县	704.62	317.05		387.57			41.99	117.40	157.65	387.58
蕲春县	772.26	285.26	7.45	479.55			46.21	91.50	155.00	479.55
黄梅县	361.47	277.17	45.17	39.13		97.99			263.48	
麻城市	777.56	334.23		443.33			22.52	102.77	208.94	443.33
武穴市	311.43	277.16	34.27			27.97	6.01	30.99	246.46	
咸宁市	**2116.99**	**1743.82**	**199.80**	**173.37**		**41.95**	**81.54**	**134.27**	**758.43**	**1100.80**
咸安区	342.13	238.49	103.64			9.87	17.47	22.87	111.66	180.26
嘉鱼县	397.99	311.58	31.60	54.81		23.79	32.78	72.69	162.56	106.17
通城县	535.73	535.73							201.70	334.03
崇阳县	423.84	423.84							103.13	320.71
通山县	138.08	105.56		32.52					37.44	100.64
赤壁市	279.22	128.62	64.56	86.04		8.29	31.29	38.71	141.94	58.99
随州市	**82.31**	**82.31**					**3.23**	**46.00**	**33.08**	
曾都区	40.23	40.23					3.23	27.00	10.00	
随县	42.08	42.08						19.00	23.08	
恩施土家族苗族自治州	**419.33**	**419.33**						**0.46**	**9.77**	**409.10**
恩施市	63.09	63.09						0.46		62.63
利川市	27.72	27.72							2.55	25.17
建始县	89.38	89.38								89.38
巴东县	29.18	29.18								29.18
宣恩县	49.38	49.38							2.87	46.51
咸丰县	71.49	71.49								71.49
来凤县	40.47	40.47							4.35	36.12
鹤峰县	48.62	48.62								48.62
省直管	**2486.65**	**2301.00**	**72.44**	**113.21**	**15.80**	**525.36**	**62.65**	**527.65**	**1185.92**	**169.27**
仙桃市	773.56	683.29		90.27		229.90	28.41		515.25	
潜江市	612.13	587.92	8.19	16.02		173.56		344.50	94.07	
天门市	1100.96	1029.79	64.25	6.92	15.80	121.90	34.24	183.15	576.60	169.27

2-21　2021—2023年达标堤防长度

单位：千米

行政区	2021年		2022年		2023年	
	总长度	其中：1级、2级堤防长度	总长度	其中：1级、2级堤防长度	总长度	其中：1级、2级堤防长度
湖北省	**8489.16**	**2091.23**	**8957.99**	**2210.63**	**9714.98**	**2915.77**
武汉市	891.72	303.42	929.69	341.39	1066.07	329.76
黄石市	571.60	62.92	576.60	62.92	399.69	82.12
十堰市	466.22		501.50		1.46	
宜昌市	174.26		341.42		465.51	
襄阳市	389.82	143.27	398.86	143.87	497.68	187.05
鄂州市	340.00	68.07	340.00	68.07	215.83	73.07
荆门市	255.02	155.85	255.02	155.85	366.68	234.94
孝感市	589.26	175.45	606.11	175.45	840.80	196.14
荆州市	1825.41	750.20	1845.61	757.53	3083.02	1172.73
黄冈市	777.08	176.00	876.93	176.00	866.81	202.37
咸宁市	770.89	40.45	772.39	41.95	770.86	41.95
随州市	143.39		147.37		82.31	
恩施土家族苗族自治州	386.47		386.47		10.23	
仙桃市	453.94	174.00	453.94	174.00	391.08	112.94
潜江市	41.60	41.60	113.60	113.60	314.97	166.00
天门市	412.48		412.48		341.98	116.70

2-22 2023年达标堤防长度

单位：千米

行政区	合计	按等级分				
		1级堤防	2级堤防	3级堤防	4级堤防	5级堤防
湖北省	**9714.98**	**547.34**	**2368.43**	**1600.07**	**2218.93**	**2980.21**
武汉市	**1066.07**	**180.61**	**149.15**	**306.81**	**107.56**	**321.94**
江岸区	33.76	22.33	5.71	5.72		
江汉区	5.15	5.15				
硚口区	25.25	25.25				
汉阳区	30.32	30.32				
武昌区	21.48	21.48				
青山区	20.43	20.43				
洪山区	32.72	14.92			17.80	
东西湖区	86.91		34.65	52.26		
汉南区	87.12		50.25		36.87	
蔡甸区	204.08	10.67	21.31	0.75	26.24	145.11
江夏区	80.20	5.62	23.75		15.56	35.27
黄陂区	105.08			86.72		18.36
新洲区	283.23			156.72	11.09	115.42
经济技术开发区	34.47	10.68	11.37	4.64		7.78
东湖新技术开发区	4.78	2.67	2.11			
化学工业区	11.09	11.09				
黄石市	**399.69**	**28.27**	**53.85**	**32.35**	**139.19**	**146.03**
黄石港区	6.72	6.72				
西塞山区	20.28	20.28				
铁山区	25.06		13.91		11.15	
阳新县	256.79		25.32	31.58	114.38	85.51
大冶市	90.84	1.27	14.62	0.77	13.66	60.52
十堰市	**1.46**					**1.46**
竹山县	1.46					1.46
宜昌市	**465.51**			**152.80**	**202.69**	**110.02**
远安县	11.77					11.77
宜都市	65.57				41.43	24.14

续表

行政区	合计	按等级分				
		1级堤防	2级堤防	3级堤防	4级堤防	5级堤防
当阳市	196.44				161.26	35.18
枝江市	191.73			152.80		38.93
襄阳市	**497.68**		**187.05**	**31.33**	**184.84**	**94.46**
襄城区	80.39		35.42		41.01	3.96
樊城区	45.40		32.84	12.56		
襄州区	122.22		26.42		95.80	
南漳县	37.99				10.66	27.33
谷城县	29.65			7.40	9.37	12.88
保康县	60.76				20.60	40.16
老河口市	8.92		3.75	5.17		
宜城市	90.35		72.82		7.40	10.13
东津区	22.00		15.80	6.20		
鄂州市	**215.83**		**73.07**	**5.37**	**32.09**	**105.30**
梁子湖区	62.68		10.15		13.93	38.60
华容区	75.24		31.62	2.27	6.49	34.86
鄂城区	77.91		31.30	3.10	11.67	31.84
荆门市	**366.68**	**39.46**	**195.48**	**9.62**	**38.62**	**83.50**
沙洋县	128.41		53.33		38.62	36.46
钟祥市	238.27	39.46	142.15	9.62		47.04
孝感市	**840.80**		**196.14**	**281.06**	**152.27**	**211.33**
孝南区	194.78		35.02	89.62	19.42	50.72
孝昌县	20.71			10.56	8.75	1.40
云梦县	102.27			62.61	17.25	22.41
应城市	45.97			27.21	14.68	4.08
安陆市	37.47		2.90	12.99	15.55	6.03
汉川市	439.60		158.22	78.07	76.62	126.69
荆州市	**3083.02**	**283.20**	**889.53**	**565.10**	**909.98**	**435.21**
沙市区	185.70	38.13	1.45		124.12	22.00
荆州区	208.71	71.97	10.26	54.97	61.63	9.88
公安县	701.45	22.00	382.49	251.95	41.43	3.58
监利市	431.58	47.50	132.22	51.94	198.52	1.40
江陵县	493.85	66.00			123.29	304.56
石首市	376.35		105.59	67.64	142.31	60.81

续表

行 政 区	合计	按 等 级 分				
		1级堤防	2级堤防	3级堤防	4级堤防	5级堤防
洪湖市	447.17	12.51	215.95	105.59	86.52	26.60
松滋市	199.32		39.02	33.01	120.91	6.38
荆州市辖区	38.89	25.09	2.55		11.25	
黄冈市	**866.81**		**202.37**	**128.36**	**189.52**	**346.56**
黄州区	169.94		59.57	6.06	46.91	57.40
团风县	83.68		16.84	5.57	41.53	19.74
红安县	29.09				0.23	28.86
罗田县	15.60					15.60
英山县	92.25					92.25
浠水县	60.29			41.99		18.30
蕲春县	46.21			46.21		
黄梅县	117.59		97.99			19.60
麻城市	132.98			22.52	100.85	9.61
武穴市	119.18		27.97	6.01		85.20
咸宁市	**770.86**		**41.95**	**81.54**	**85.47**	**561.90**
咸安区	159.72		9.87	17.47	22.87	109.51
嘉鱼县	145.15		23.79	32.78	31.69	56.89
通城县	201.70					201.70
崇阳县	70.18					70.18
通山县	32.43					32.43
赤壁市	161.68		8.29	31.29	30.91	91.19
随州市	**82.31**			**3.23**	**46.00**	**33.08**
曾都区	40.23			3.23	27.00	10.00
随县	42.08				19.00	23.08
恩施土家族苗族自治州	**10.23**				**0.46**	**9.77**
恩施市	0.46				0.46	
利川市	2.55					2.55
宣恩县	2.87					2.87
来凤县	4.35					4.35
省直管	**1048.03**	**15.80**	**379.84**	**2.50**	**130.24**	**519.65**
仙桃市	391.08		112.94			278.14
潜江市	314.97		166.00		98.50	50.47
天门市	341.98	15.80	100.90	2.50	31.74	191.04

2－23　2023年农村供水工程数量

单位：处

行　政　区	合计	农村集中式供水工程					农村分散式供水工程
		小计	城镇管网延伸工程	万人工程	千人工程	千人以下工程	
湖北省	**139933**	**12195**	**104**	**715**	**1447**	**9929**	**127738**
武汉市	**27**	**27**	**5**	**22**			
汉南区	2	2	1	1			
蔡甸区	1	1	1				
江夏区	6	6	1	5			
黄陂区	9	9	1	8			
新洲区	9	9	1	8			
黄石市	**7654**	**116**	**3**	**12**	**65**	**36**	**7538**
铁山区	1	1	1				
阳新县	5440	69	1	12	56		5371
大冶市	2213	46	1		9	36	2167
十堰市	**3300**	**1203**	**8**	**62**	**357**	**776**	**2097**
茅箭区	40	31	1		3	27	9
张湾区	21	21	1		2	18	
郧阳区	150	130	1	10	81	38	20
郧西县	864	264	1	16	86	161	600
竹山县	467	117	1	5	23	88	350
竹溪县	713	330	1	9	38	282	383
房县	758	228	1	11	108	108	530
丹江口市	287	82	1	11	16	54	205
宜昌市	**30024**	**1911**	**16**	**45**	**112**	**1738**	**28113**
西陵区	1	1			1		
点军区	15	9	1	1	5	2	6
夷陵区	3930	418	2	5	29	382	3512
远安县	1576	112	1	4	9	98	1464
兴山县	2026	286	1	8	8	269	1740
秭归县	11939	334	1	5	15	313	11605
长阳土家族自治县	5409	381	2	3	20	356	5028
五峰土家族自治县	2536	280	1	5	7	267	2256
宜都市	2128	67	3	3	13	48	2061
当阳市	456	15	2	5	5	3	441
枝江市	8	8	2	6			

续表

行政区	合计	农村集中式供水工程					农村分散式供水工程
		小计	城镇管网延伸工程	万人工程	千人工程	千人以下工程	
襄阳市	**23702**	**1132**	**10**	**75**	**184**	**863**	**22570**
襄城区	12	12	2	1	2	7	
樊城区	10	10	1	2	2	5	
襄州区	2673	73		19	34	20	2600
南漳县	5404	186	1	5	25	155	5218
谷城县	5178	141	2	12	24	103	5037
保康县	2246	571		6	10	555	1675
老河口市	419	29	1	7	9	12	390
枣阳市	5772	72	1	16	50	5	5700
宜城市	1968	18	1	5	12		1950
东津区	20	20	1	2	16	1	
鄂州市	**8**	**8**	**1**	**2**		**5**	
梁子湖区	6	6		1		5	
华容区	1	1		1			
鄂城区	1	1	1				
荆门市	**809**	**101**	**6**	**44**	**13**	**38**	**708**
东宝区	425	25	1	5	3	16	400
掇刀区	19	3	2		1		16
京山市	197	35	1	8	8	18	162
沙洋县	80	12		12			68
钟祥市	76	24	2	18		4	52
屈家岭管理区	12	2		1	1		10
孝感市	**10295**	**243**	**8**	**81**	**94**	**60**	**10052**
孝南区	2	2	1	1			
孝昌县	58	58	1	11	34	12	
大悟县	2834	82	1	20	17	44	2752
云梦县	4	4	1	2	1		
应城市	36	36	2	15	18	1	
安陆市	7314	14	1	9	3	1	7300
汉川市	47	47	1	23	21	2	
荆州市	**2468**	**118**	**9**	**89**	**17**	**3**	**2350**
沙市区	1	1	1				
荆州区	5	5	2	3			
公安县	14	14	1	13			
监利市	2320	20	1	19			2300
江陵县	2	2	1	1			
石首市	13	13	1	12			

续表

行　政　区	合计	农村集中式供水工程					农村分散式供水工程
		小计	城镇管网延伸工程	万人工程	千人工程	千人以下工程	
洪湖市	21	21	1	20			
松滋市	92	42	1	21	17	3	50
黄冈市	**13386**	**1763**	**13**	**113**	**129**	**1508**	**11623**
黄州区	1	1	1				
团风县	649	79	2	5	10	62	570
红安县	998	146	1	10	5	130	852
罗田县	3293	1047	1	13	24	1009	2246
英山县	1427	59	1	3	5	50	1368
浠水县	2285	59	2	11	5	41	2226
蕲春县	1698	145	1	26	27	91	1553
黄梅县	453	64	2	10	12	40	389
麻城市	2544	125	1	21	27	76	2419
武穴市	38	38	1	14	14	9	
咸宁市	**9139**	**1035**	**8**	**43**	**87**	**897**	**8104**
咸安区	309	124	1	9	8	106	185
嘉鱼县	11	11	2	7	2		
通城县	4415	128	1	7	22	98	4287
崇阳县	3475	243	1	7	30	205	3232
通山县	921	521	1	7	25	488	400
赤壁市	8	8	2	6			
随州市	**24041**	**158**	**3**	**35**	**70**	**50**	**23883**
曾都区	10944	44	1	9	21	13	10900
随县	12590	107	1	20	49	37	12483
广水市	507	7	1	6			500
恩施土家族苗族自治州	**14652**	**4229**	**7**	**65**	**311**	**3846**	**10423**
恩施市	2742	522	5	16	83	418	2220
利川市	3284	1541		12	62	1467	1743
建始县	1781	660		9	29	622	1121
巴东县	1398	272	1	3	47	221	1126
宣恩县	2302	639		4	9	626	1663
咸丰县	882	219		1	55	163	663
来凤县	667	31		18	6	7	636
鹤峰县	1596	345	1	2	20	322	1251
省直管	**428**	**151**	**7**	**27**	**8**	**109**	**277**
仙桃市	8	8	2	6			
潜江市	17	17	2	15			
天门市	8	8	2	6			
神农架林区	395	118	1		8	109	277

2-24 2023年农村供水工程覆盖人口

单位：万人

行 政 区	合计	农村集中式供水工程					农村分散式供水工程受益人口
		小计	城镇管网延伸工程	万人工程	千人工程	千人以下工程	
湖北省	**4252.740**	**4162.880**	**1025.800**	**2457.600**	**396.570**	**282.910**	**89.860**
武汉市	**260.190**	**260.190**	**103.250**	**156.940**			
汉南区	8.220	8.220	4.090	4.130			
蔡甸区	36.000	36.000	36.000				
江夏区	33.910	33.910	17.310	16.600			
黄陂区	103.480	103.480	42.250	61.230			
新洲区	78.580	78.580	3.600	74.980			
黄石市	**162.620**	**157.080**	**119.220**	**19.000**	**16.670**	**2.190**	**5.540**
铁山区	11.100	11.100	11.100				
阳新县	78.180	74.470	41.700	19.000	13.770		3.710
大冶市	73.340	71.510	66.420		2.900	2.190	1.830
十堰市	**256.730**	**253.460**	**36.040**	**122.240**	**62.290**	**32.890**	**3.270**
茅箭区	2.720	2.660	1.050		0.950	0.660	0.060
张湾区	6.280	6.280	5.000		0.700	0.580	
郧阳区	56.400	56.380	7.910	27.670	18.320	2.480	0.020
郧西县	41.820	41.020	1.130	14.580	15.900	9.410	0.800
竹山县	41.800	41.180	4.730	19.980	9.440	7.030	0.620
竹溪县	33.790	32.990	2.070	20.090	3.970	6.860	0.800
房县	40.550	39.580	4.290	19.730	11.100	4.460	0.970
丹江口市	33.370	33.370	9.860	20.190	1.910	1.410	
宜昌市	**237.790**	**225.040**	**73.300**	**84.050**	**29.620**	**38.070**	**12.750**
西陵区	0.600	0.600			0.600		
点军区	7.010	7.000	4.320	1.800	0.780	0.100	0.010
夷陵区	42.010	38.390	8.260	14.910	5.470	9.750	3.620
远安县	15.070	14.030	2.880	5.380	2.530	3.240	1.040

续表

行政区	合计	农村集中式供水工程					农村分散式供水工程受益人口
		小计	城镇管网延伸工程	万人工程	千人工程	千人以下工程	
兴山县	13.120	12.140	2.070	3.880	1.350	4.840	0.980
秭归县	26.970	25.040	2.320	11.190	6.540	4.990	1.930
长阳土家族自治县	29.790	27.110	6.670	6.740	6.340	7.360	2.680
五峰土家族自治县	15.240	13.910	1.060	5.830	1.770	5.250	1.330
宜都市	25.660	24.670	14.490	5.000	2.820	2.360	0.990
当阳市	32.330	32.160	22.340	8.220	1.420	0.180	0.170
枝江市	29.990	29.990	8.890	21.100			
襄阳市	**405.710**	**394.290**	**64.540**	**237.630**	**68.770**	**23.350**	**11.420**
襄城区	19.620	19.620	16.910	0.910	1.120	0.680	
樊城区	23.200	23.200	9.020	13.660	0.460	0.060	
襄阳区	76.640	75.340		59.120	15.360	0.860	1.300
南漳县	46.100	42.660	6.520	16.810	12.110	7.220	3.440
谷城县	48.620	46.560	9.320	27.770	5.890	3.580	2.060
保康县	26.650	24.900		8.470	6.810	9.620	1.750
老河口市	36.920	36.670	4.780	29.590	1.480	0.820	0.250
枣阳市	77.520	75.580	4.250	52.710	18.190	0.430	1.940
宜城市	41.780	41.100	9.970	26.060	5.070		0.680
东津区	8.660	8.660	3.770	2.530	2.280	0.080	
鄂州市	**83.760**	**83.760**	**36.240**	**47.040**		**0.480**	
梁子湖区	19.260	19.260		18.780		0.480	
华容区	28.260	28.260		28.260			
鄂城区	36.240	36.240	36.240				
荆门市	**236.700**	**236.310**	**35.180**	**186.770**	**10.680**	**3.680**	**0.390**
东宝区	17.120	17.000	2.000	10.260	2.640	2.100	0.120
掇刀区	14.320	14.310	13.910		0.400		0.010
京山市	54.780	54.650	2.000	44.620	6.740	1.290	0.130
沙洋县	53.810	53.780		53.780			0.030
钟祥市	91.720	91.630	17.270	74.070		0.290	0.090

续表

行政区	合计	农村集中式供水工程					农村分散式供水工程受益人口
		小计	城镇管网延伸工程	万人工程	千人工程	千人以下工程	
屈家岭管理区	4.950	4.940		4.040	0.900		0.010
孝感市	**416.860**	**412.840**	**155.370**	**218.880**	**34.990**	**3.600**	**4.020**
孝南区	53.020	53.020	46.790	6.230			
孝昌县	61.620	61.620	12.610	36.930	11.300	0.780	
大悟县	56.380	53.990	7.290	37.110	7.020	2.570	2.390
云梦县	52.890	52.890	43.990	8.470	0.430		
应城市	54.260	54.260	12.880	32.050	9.260	0.070	
安陆市	46.490	44.860	14.860	28.910	1.090		1.630
汉川市	92.200	92.200	16.950	69.180	5.890	0.180	
荆州市	**517.230**	**516.340**	**97.650**	**413.910**	**4.590**	**0.190**	**0.890**
沙市区	10.990	10.990	10.990				
荆州区	28.930	28.930	16.300	12.630			
公安县	91.140	91.140	11.590	79.550			
监利市	144.600	143.800	8.100	135.700			0.800
江陵县	37.250	37.250	32.750	4.500			
石首市	53.970	53.970	6.300	47.670			
洪湖市	78.870	78.870	2.400	76.470			
松滋市	71.480	71.390	9.220	57.390	4.590	0.190	0.090
黄冈市	**596.540**	**582.850**	**49.490**	**456.480**	**32.330**	**44.550**	**13.690**
黄州区	14.100	14.100	14.100				
团风县	30.680	30.190	6.910	17.440	2.560	3.280	0.490
红安县	57.790	56.100	0.560	47.110	4.300	4.130	1.690
罗田县	49.320	46.930	1.390	21.270	4.020	20.250	2.390
英山县	36.920	35.450	1.390	29.230	1.820	3.010	1.470
浠水县	82.700	78.720	6.100	69.100	1.550	1.970	3.980
蕲春县	81.620	78.820	2.410	65.370	6.460	4.580	2.800
黄梅县	88.040	87.900	8.280	74.610	1.960	3.050	0.140

续表

行　政　区	合计	农村集中式供水工程					农村分散式供水工程受益人口
		小计	城镇管网延伸工程	万人工程	千人工程	千人以下工程	
麻城市	91.260	90.530	0.720	80.150	5.900	3.760	0.730
武穴市	64.110	64.110	7.630	52.200	3.760	0.520	
咸宁市	**226.830**	**220.780**	**54.350**	**115.990**	**19.020**	**31.420**	**6.050**
咸安区	42.280	41.200	9.240	28.020	1.390	2.550	1.080
嘉鱼县	29.270	29.270	11.290	16.580	1.400		
通城县	41.170	39.770	7.110	18.960	5.260	8.440	1.400
崇阳县	37.330	35.460	4.830	18.060	4.270	8.300	1.870
通山县	36.990	35.290	2.350	14.110	6.700	12.130	1.700
赤壁市	39.790	39.790	19.530	20.260			
随州市	**171.440**	**165.540**	**14.880**	**133.970**	**12.760**	**3.930**	**5.900**
曾都区	37.280	34.490	7.680	21.700	2.860	2.250	2.790
随县	63.910	61.050	4.000	45.470	9.900	1.680	2.860
广水市	70.250	70.000	3.200	66.800			0.250
恩施土家族苗族自治州	**338.060**	**312.480**	**14.940**	**98.960**	**102.370**	**96.210**	**25.580**
恩施市	63.700	59.250	12.240	18.020	17.430	11.560	4.450
利川市	72.260	66.290		18.110	27.660	20.520	5.970
建始县	46.740	43.140		16.380	10.080	16.680	3.600
巴东县	41.510	38.030	1.500	8.400	13.150	14.980	3.480
宣恩县	32.980	30.040		7.340	5.820	16.880	2.940
咸丰县	33.040	30.290		2.000	21.120	7.170	2.750
来凤县	28.560	27.650		25.960	1.370	0.320	0.910
鹤峰县	19.270	17.790	1.200	2.750	5.740	8.100	1.480
省直管	**342.280**	**341.920**	**171.350**	**165.740**	**2.480**	**2.350**	**0.360**
仙桃市	113.530	113.530	54.240	59.290			
潜江市	73.130	73.130	21.410	51.720			
天门市	149.880	149.880	95.150	54.730			
神农架林区	5.740	5.380	0.550		2.480	2.350	0.360

2－25　2023年农村供水工程实际供水量

单位：万立方米

行政区	合计	农村集中式供水工程					农村分散式供水工程
		小计	城镇管网延伸工程	万人工程	千人工程	千人以下工程	
湖北省	**404485.120**	**396495.130**	**149656.540**	**199486.990**	**32027.350**	**15324.250**	**7989.990**
武汉市	**45190.360**	**45190.360**	**12048.360**	**33142.000**			
汉南区	8206.360	8206.360	7658.860	547.500			
江夏区	11497.500	11497.500		11497.500			
黄陂区	15953.000	15953.000	4200.000	11753.000			
新洲区	9533.500	9533.500	189.500	9344.000			
黄石市	**7691.560**	**7485.520**	**4641.300**	**1898.000**	**860.220**	**86.000**	**206.040**
铁山区	473.000	473.000	473.000				
阳新县	4506.560	4368.220	1730.000	1898.000	740.220		138.340
大冶市	2712.000	2644.300	2438.300		120.000	86.000	67.700
十堰市	**21744.680**	**21572.160**	**13175.410**	**4527.120**	**3058.100**	**811.530**	**172.520**
茅箭区	179.100	174.740	26.200		100.380	48.160	4.360
张湾区	10095.990	10095.990	10000.000		31.020	64.970	
郧阳区	2744.830	2744.830	549.570	1689.280	505.980		
郧西县	1421.890	1416.660	64.940	598.790	451.920	301.010	5.230
竹山县	629.060	590.110	34.150	390.650	125.960	39.350	38.950
竹溪县	3133.020	3083.020	1796.900	561.270	724.500	0.350	50.000
房县	1932.910	1865.020	340.770	197.540	1019.230	307.480	67.890
丹江口市	1607.880	1601.790	362.880	1089.590	99.110	50.210	6.090
宜昌市	**18376.400**	**17363.340**	**8904.400**	**4178.890**	**2181.800**	**2098.250**	**1013.060**
西陵区	150.000	150.000			150.000		
点军区	2221.000	2220.000	2000.000	90.000	120.000	10.000	1.000
夷陵区	2559.500	2407.010	800.300	550.590	597.210	458.910	152.490
远安县	742.980	705.110	155.570	274.920	118.980	155.640	37.870
兴山县	470.610	404.130	75.560	102.640	49.270	176.660	66.480
秭归县	1750.340	1311.690	280.000	467.200	337.740	226.750	438.650

续表

行　政　区	合计	农村集中式供水工程					农村分散式供水工程
		小计	城镇管网延伸工程	万人工程	千人工程	千人以下工程	
长阳土家族自治县	1739.920	1539.520	259.570	315.350	294.600	670.000	200.400
五峰土家族自治县	733.750	675.580	55.000	255.290	77.000	288.290	58.170
宜都市	2637.000	2586.000	1460.000	663.000	363.000	100.000	51.000
当阳市	1933.000	1926.000	1424.000	416.000	74.000	12.000	7.000
枝江市	3438.300	3438.300	2394.400	1043.900			
襄阳市	**117519.190**	**116313.210**	**43750.400**	**52158.200**	**16384.300**	**4020.310**	**1205.980**
襄城区	5740.440	5740.440	5647.000		15.840	77.600	
樊城区	27508.000	27508.000	11700.000	14230.000	856.000	722.000	
襄阳区	31727.000	31627.000		18580.000	11770.000	1277.000	100.000
南漳县	1745.900	1518.400	225.400	700.000	294.000	299.000	227.500
谷城县	8489.660	8450.660	5580.000	2391.200	252.900	226.560	39.000
保康县	4928.000	4575.000		3830.000	190.000	555.000	353.000
老河口市	4318.190	4312.710	1035.000	3139.000	75.560	63.150	5.480
枣阳市	7530.000	7130.000	2100.000	3100.000	1930.000		400.000
宜城市	2732.000	2651.000	2463.000	188.000			81.000
东津区	22800.000	22800.000	15000.000	6000.000	1000.000	800.000	
鄂州市	**10087.000**	**10087.000**	**1642.000**	**8395.000**		**50.000**	
梁子湖区	1145.000	1145.000		1095.000		50.000	
华容区	7300.000	7300.000		7300.000			
鄂城区	1642.000	1642.000	1642.000				
荆门市	**16703.520**	**16678.450**	**5397.470**	**10551.440**	**508.500**	**221.040**	**25.070**
东宝区	1174.620	1172.620	372.500	500.080	150.000	150.040	2.000
掇刀区	654.000	653.000	635.000		18.000		1.000
京山市	5537.000	5525.000	3370.000	1800.000	300.000	55.000	12.000
沙洋县	5059.820	5055.250		5055.250			4.570
钟祥市	4047.080	4042.080	1019.970	3006.110		16.000	5.000
屈家岭管理区	231.000	230.500		190.000	40.500		0.500
孝感市	**22979.920**	**22581.320**	**11218.860**	**10246.720**	**955.670**	**160.070**	**398.600**

续表

行 政 区	合计	农村集中式供水工程					农村分散式供水工程
		小计	城镇管网延伸工程	万人工程	千人工程	千人以下工程	
孝南区	2630.360	2630.360	2395.860	234.500			
孝昌县	2095.470	2095.470	438.000	1213.630	400.770	43.070	
大悟县	2062.000	1962.000	267.000	1358.000	246.000	91.000	100.000
云梦县	2609.490	2609.490	2190.000	397.590	21.900		
应城市	6782.000	6782.000	5000.000	1744.000	38.000		
安陆市	840.600	542.000		466.000	50.000	26.000	298.600
汉川市	5960.000	5960.000	928.000	4833.000	199.000		
荆州市	**32745.700**	**32580.700**	**10119.900**	**22246.800**	**204.000**	**10.000**	**165.000**
沙市区	2356.400	2356.400	2356.400				
荆州区	1416.300	1416.300	715.500	700.800			
公安县	4583.500	4583.500	547.500	4036.000			
监利市	8872.500	8712.500	500.000	8212.500			160.000
江陵县	2666.000	2666.000	2318.500	347.500			
石首市	5992.000	5992.000	2872.000	3120.000			
洪湖市	3710.000	3710.000	210.000	3500.000			
松滋市	3149.000	3144.000	600.000	2330.000	204.000	10.000	5.000
黄冈市	**41420.810**	**40608.390**	**13156.690**	**23337.620**	**1769.620**	**2344.460**	**812.420**
黄州区	9855.000	9855.000	9855.000				
团风县	2756.980	2738.960	1602.000	857.750	162.430	116.780	18.020
红安县	2561.000	2477.000	25.000	2016.000	256.000	180.000	84.000
罗田县	2440.590	2320.260	100.200	938.760	235.300	1046.000	120.330
英山县	3334.360	3096.760	234.580	2646.250	105.520	110.410	237.600
浠水县	3594.150	3444.150	274.230	3015.800	72.810	81.310	150.000
蕲春县	3362.200	3245.800	90.000	2500.000	273.750	382.050	116.400
黄梅县	3508.860	3500.790	480.380	2794.810	86.540	139.060	8.070
麻城市	6182.890	6104.890	92.000	5338.000	416.040	258.850	78.000

续表

行 政 区	合计	农村集中式供水工程					农村分散式供水工程
		小计	城镇管网延伸工程	万人工程	千人工程	千人以下工程	
武穴市	3824.780	3824.780	403.300	3230.250	161.230	30.000	
咸宁市	**15664.670**	**15355.590**	**6411.100**	**6158.820**	**1145.440**	**1640.230**	**309.080**
咸安区	1789.000	1734.000	452.000	1032.000	150.000	100.000	55.000
嘉鱼县	965.630	965.630	416.980	489.300	59.350		
通城县	3914.100	3817.200	719.000	2142.000	368.100	588.100	96.900
崇阳县	2545.200	2464.190	1057.000	700.000	307.190	400.000	81.010
通山县	1547.420	1471.250	116.120	542.200	260.800	552.130	76.170
赤壁市	4903.320	4903.320	3650.000	1253.320			
随州市	**12728.820**	**12261.570**	**3930.000**	**7323.370**	**780.860**	**227.340**	**467.250**
曾都区	2630.000	2430.000	480.000	1580.000	210.000	160.000	200.000
随县	4002.820	3746.570	365.000	2743.370	570.860	67.340	256.250
广水市	6096.000	6085.000	3085.000	3000.000			11.000
恩施土家族苗族自治州	**13563.490**	**10398.520**	**848.650**	**2336.010**	**3863.840**	**3350.020**	**3164.970**
恩施市	1937.510	1848.790	783.000	355.000	517.670	193.120	88.720
利川市	2705.000	2502.000		642.000	1099.000	761.000	203.000
建始县	1711.810	1566.540		352.930	479.610	734.000	145.270
巴东县	4301.340	1781.100	45.650	405.680	594.700	735.070	2520.240
宣恩县	1237.350	1078.940		271.600	210.930	596.410	158.410
咸丰县	1145.080	1098.650		58.400	777.450	262.800	46.430
来凤县	451.630	451.630		229.000	173.980	48.650	
鹤峰县	73.770	70.870	20.000	21.400	10.500	18.970	2.900
省直管	**28069.000**	**28019.000**	**14412.000**	**12987.000**	**315.000**	**305.000**	**50.000**
仙桃市	11790.000	11790.000	9308.000	2482.000			
潜江市	9589.000	9589.000	5034.000	4555.000			
天门市	5950.000	5950.000		5950.000			
神农架林区	740.000	690.000	70.000		315.000	305.000	50.000

2-26 2023年塘坝、窖池、机电井数量

行政区	塘坝/座	窖池/座	机电井/眼		
			合计	规模以上	规模以下
湖北省	**796063**	**186705**	**13215**	**11286**	**1929**
武汉市	**67032**		**570**	**570**	
硚口区			2	2	
汉阳区			11	11	
武昌区			4	4	
东西湖区	10		198	198	
汉南区			106	106	
蔡甸区	3725		56	56	
江夏区	7101				
黄陂区	38150		27	27	
新洲区	16725		165	165	
东湖新技术开发区	1321		1	1	
黄石市	**13885**		**131**	**131**	
西塞山区	94		3	3	
下陆区	115				
铁山区	29				
阳新县	8338		48	48	
大冶市	5309		80	80	
十堰市	**17331**	**50439**	**68**	**68**	
茅箭区	51				
张湾区	111	45	6	6	
郧阳区	3333	30126	6	6	
郧西县	240	3848	11	11	
竹山县	1705	9049			
竹溪县	3856	3122	12	12	
房县	687	2394	33	33	
丹江口市	7348	1855			

续表

行　政　区	塘坝/座	窖池/座	机电井/眼		
			合计	规模以上	规模以下
宜昌市	**57790**	**102870**	**284**	**284**	
西陵区	3				
伍家岗区	1				
点军区	608	4435			
猇亭区	689	81	2	2	
夷陵区	6807	8705			
远安县	4066	3248	22	22	
秭归县	1763	44176			
长阳土家族自治县	1012	16278			
五峰土家族自治县	219	12470			
宜都市	8143	13477	4	4	
当阳市	18849		215	215	
枝江市	15630		41	41	
襄阳市	**48871**	**17070**	**3818**	**3735**	**83**
襄城区	2176		774	763	11
樊城区	920		812	812	
襄阳区	4949		1211	1211	
南漳县	9973	6444	100	28	72
谷城县	5105	290	16	16	
保康县	1391	10336	2	2	
老河口市	3582		148	148	
枣阳市	6675		256	256	
宜城市	14100		499	499	
鄂州市	**7318**		**7**	**7**	
梁子湖区	2298				
华容区	2270		3	3	
鄂城区	2750		4	4	
荆门市	**110184**	**1864**	**1722**	**1436**	**286**
东宝区	18318	716	9	2	7

续表

行　政　区	塘坝/座	窖池/座	机电井/眼		
			合计	规模以上	规模以下
掇刀区	11275		18	18	
京山市	29087	451	157	156	1
沙洋县	22012		851	579	272
钟祥市	29072	697	601	601	
屈家岭管理区	420		86	80	6
孝感市	**35921**	**3**	**1013**	**1013**	
孝南区	10654		279	279	
孝昌县	451		32	32	
大悟县	358		28	28	
云梦县	8276		246	246	
应城市	15508		241	241	
安陆市	358		28	28	
汉川市	316	3	159	159	
荆州市	**49452**	**2424**	**694**	**694**	
沙市区	509		23	23	
荆州区	10951		123	123	
公安县	8945		175	175	
监利市			113	113	
江陵县	6		26	26	
石首市	292	289	18	18	
洪湖市	32		137	137	
松滋市	28717	2135	79	79	
黄冈市	**203515**		**704**	**704**	
黄州区	2941		64	64	
团风县	11102		3	3	
红安县	30494		341	341	
罗田县	27830		75	75	
英山县	12656		3	3	
浠水县	25029		37	37	

续表

行　政　区	塘坝/座	窖池/座	机电井/眼		
			合计	规模以上	规模以下
蕲春县	19778		34	34	
黄梅县	7522		5	5	
麻城市	55930		142	142	
武穴市	10233				
咸宁市	**32033**		**149**	**135**	**14**
咸安区	6169		36	22	14
嘉鱼县	1523		7	7	
通城县	12214		31	31	
崇阳县	6028		74	74	
通山县	463		1	1	
赤壁市	5636				
随州市	**123208**		**3628**	**2082**	**1546**
曾都区	23671		30	30	
随县	57155		3546	2000	1546
广水市	42382		52	52	
恩施土家族苗族自治州	**11116**	**12035**	**5**	**5**	
恩施市	296	101	3	3	
利川市	2167		2	2	
建始县	3510				
巴东县	2144	7261			
宣恩县	316				
咸丰县	1841				
来凤县	295				
鹤峰县	547	4673			
省直管	**18407**		**422**	**422**	
仙桃市	10265		206	206	
潜江市			60	60	
天门市	8089		156	156	
神农架林区	53				

主要指标解释

【水库】指在河道、山谷或低洼地有水源，或可从另一河道引入水源的地方修建挡水坝或堤堰，形成具有拦洪蓄水和调节水量功能，且总库容大于等于 10 万立方米的水利工程。

水库工程等级划分标准

工程规模	水库总库容/亿立方米	防洪		治涝	灌溉	供水	发电
		保护城镇及工矿企业的重要性	保护农田/万亩	治涝面积/万亩	灌溉面积/万亩	供水对象重要性	装机容量/万千瓦
大（1）型	≥10	特别重要	≥500	≥500	≥150	特别重要	≥120
大（2）型	10～1.0	重要	500～100	200～60	150～50	重要	120～30
中型	1.0～0.10	中等	100～30	60～15	50～5	中等	30～5
小（1）型	0.10～0.01	一般	30～5	15～3	5～0.5	一般	5～1
小（2）型	0.01～0.001		<5	<3	<0.5		<1

【水库总库容】校核洪水位以下的水库容积。

【水库兴利库容】正常蓄水位与死水位之间的水库容积。

【水库防洪库容】防洪高水位（下游防护区遭遇设计洪水时，水库达到的最高洪水位）与防洪限制水位（水库在汛期允许兴利蓄水的上限水位）间的水库容积。

【泵站】指建在河道、湖泊、渠道上或水库岸边，由泵和其他机电设备、泵房以及进出水建筑物组成，可以将低处的水提升到所需高度，用于排水、灌溉、城镇生活和工业供水等的水利工程。

泵站工程等级划分标准

工程等别	泵站规模	分等指标	
		装机流量/立方米每秒	装机功率/万千瓦
Ⅰ	大（1）型	≥200	≥3
Ⅱ	大（2）型	200～50	3～1
Ⅲ	中型	50～10	1～0.1
Ⅳ	小（1）型	10～2	0.1～0.01
Ⅴ	小（2）型	<2	<0.01

注 1. 装机流量、装机功率指单站指标，且包括备用机组在内。
2. 由多级或多座泵站联合组成的泵站工程的等别，可按其整个系统的分等指标确定。
3. 当泵站按分等指标分属两个不同等别时，应以其中的高等别为准。

【水闸】指建在河道、渠道、海堤上或湖泊、水库岸边，利用闸门控制流量和调节水位，具有挡水和泄（引）水功能的低水头水工建筑物。

水闸工程等级划分标准

工程等级	工程规模	最大过闸流量/立方米每秒	防护对象的重要性
Ⅰ	大（1）型	≥5000	特别重要
Ⅱ	大（2）型	5000～1000	重要
Ⅲ	中型	1000～100	中等
Ⅳ	小（1）型	100～20	一般
Ⅴ	小（2）型	＜20	—

【水电站】指为将水能转换为电能而修建的水工建筑物和设置的机械、电气设备的综合枢纽。

【堤防长度】堤防指沿河、湖、海等岸边，或行洪区、分洪区、蓄洪区、围垦区边缘修筑的挡水建筑物，其长度按堤顶中心线长度计算。

堤防工程等级划分执行《防洪标准》（GB 50201）的规定，分为5个级别，具体见下表。

堤防工程等级划分标准

防洪标准［重现期（年）］	≥100	＜100，且≥50	＜50，且≥30	＜30，且≥20	＜20，且≥10
堤防等级	1	2	3	4	5

【达标堤防长度】指达到规划防洪标准的堤防长度。堤防防洪标准划分参见《防洪标准》（GB 50201）。

【农村集中式供水工程】指以村镇为单位，从水源集中取水、输水、净水，通过输配水管网送到用户或者集中供水点的供水系统。

【城镇管网延伸工程】依靠城镇供水管网向周边农村地区延伸供水的工程。

【农村分散式供水工程】无配水管网，由用户自行取用水的农村供水设施。

【塘坝】利用天然洼地开挖修建堰坝，或在坡地上、山谷间筑坝，形成的具有拦截和贮存地表径流功能的，蓄水容积大于等于500立方米且小于10万立方米的蓄水工程。

【机电井】指以电动机、柴油机等动力机械带动水泵抽取地下水的水井。

对灌溉机电井和供水机电井，分别按照井口井管内径和日取水量划分规模。规模以上机电井指井口井管内径大于等于200毫米的灌溉机电井、日取水量大于等于20立方米的供水机电井。

三、农业灌溉

NONG YE GUAN GAI

图片来源：襄北农场喷灌工程实拍

3-1 2021—2023年灌溉面积

单位：万亩

行政区	2021年		2022年		2023年	
	总灌溉面积	其中：耕地灌溉面积	总灌溉面积	其中：耕地灌溉面积	总灌溉面积	其中：耕地灌溉面积
湖北省	**4932.26**	**4638.52**	**5125.25**	**4813.28**	**5139.965**	**4830.290**
武汉市	268.55	250.23	291.53	274.52	299.670	282.105
黄石市	110.25	109.67	108.83	108.30	110.453	109.868
十堰市	113.27	111.98	116.78	112.35	119.441	115.016
宜昌市	330.37	265.27	328.90	264.92	332.579	268.544
襄阳市	566.57	549.26	594.51	577.04	594.618	577.143
鄂州市	43.42	38.34	43.42	38.34	43.541	38.456
荆门市	451.62	424.80	473.31	439.05	474.045	439.785
孝感市	544.75	537.35	510.63	484.07	510.870	484.245
荆州市	906.60	877.51	916.56	876.85	915.060	880.800
黄冈市	548.39	494.48	541.07	515.90	531.840	504.240
咸宁市	201.00	191.31	192.86	186.78	193.650	187.575
随州市	204.72	184.25	224.27	205.53	231.630	212.895
恩施土家族苗族自治州	178.04	158.58	178.04	158.58	178.040	158.585
仙桃市	185.60	170.30	185.60	170.30	185.595	170.295
潜江市	112.02	110.30	151.53	148.14	151.530	148.140
天门市	165.99	163.79	266.31	251.51	266.310	251.505
神农架林区	1.10	1.10	1.10	1.10	1.095	1.095

3－2　2023年灌溉面积

单位：万亩

行　政　区	按土地用途分					年实际耕地灌溉面积
	合计	耕地灌溉面积	林地灌溉面积	园地灌溉面积	牧草地灌溉面积	
湖北省	**5139.965**	**4830.290**	**159.090**	**140.235**	**10.350**	**4232.348**
武汉市	**299.670**	**282.105**	**10.485**	**7.080**		**232.230**
汉阳区	1.260	1.260				1.260
洪山区	0.825	0.750	0.075			
东西湖区	23.415	17.490	5.205	0.720		17.490
汉南区	11.115	9.885	0.765	0.465		9.885
蔡甸区	47.040	47.040				42.060
江夏区	54.360	53.430	0.510	0.420		41.355
黄陂区	88.605	81.795	3.150	3.660		49.725
新洲区	57.375	56.040	0.780	0.555		56.040
东湖新技术开发区	13.605	12.345		1.260		12.345
化学工业区	2.070	2.070				2.070
黄石市	**110.453**	**109.868**	**0.525**	**0.060**		**84.938**
西塞山区	1.470	1.410	0.060			
阳新县	54.000	53.820	0.120	0.060		37.950
大冶市	54.983	54.638	0.345			46.988
十堰市	**119.441**	**115.016**	**1.215**	**2.985**	**0.225**	**96.410**
茅箭区	0.690	0.690				0.690
张湾区	2.235	1.605	0.600	0.030		1.605
郧阳区	27.840	25.320	0.195	2.100	0.225	21.900
郧西县	10.635	10.620		0.015		9.030
竹山县	17.205	16.230	0.255	0.720		16.140
竹溪县	14.115	13.995		0.120		13.815
房县	15.600	15.435	0.165			12.776
丹江口市	31.121	31.121				20.454
宜昌市	**332.579**	**268.544**	**12.135**	**51.900**		**250.103**

续表

行 政 区	按土地用途分					年实际耕地灌溉面积
	合计	耕地灌溉面积	林地灌溉面积	园地灌溉面积	牧草地灌溉面积	
伍家岗区	0.030			0.030		
点军区	6.075	4.575		1.500		2.235
猇亭区	1.682	1.262	0.420			0.870
夷陵区	23.490	19.245		4.245		19.245
远安县	23.693	22.908		0.785		22.305
兴山县	25.890	20.100		5.790		19.479
秭归县	24.260	14.964		9.296		14.964
长阳土家族自治县	37.740	23.280	4.215	10.245		19.080
五峰土家族自治县	16.245	12.870		3.375		10.985
宜都市	23.985	20.175		3.810		20.100
当阳市	67.065	59.565	7.500			59.565
枝江市	82.425	69.600		12.825		61.275
襄阳市	**594.618**	**577.143**	**10.635**	**6.540**	**0.300**	**548.388**
襄城区	26.025	23.355	2.085	0.585		23.145
樊城区	14.040	14.040				12.510
襄州区	188.478	179.133	6.375	2.970		179.133
南漳县	44.190	43.350	0.345	0.495		39.525
谷城县	39.390	36.195	1.395	1.500	0.300	32.295
保康县	10.635	10.530	0.015	0.090		6.660
老河口市	44.730	44.325	0.165	0.240		40.230
枣阳市	168.705	168.705				168.705
宜城市	58.425	57.510	0.255	0.660		46.185
鄂州市	**43.541**	**38.456**	**4.650**	**0.435**		**36.825**
梁子湖区	10.140	9.570	0.405	0.165		9.570
华容区	13.095	12.105	0.750	0.240		12.105
鄂城区	20.306	16.781	3.495	0.030		15.150
荆门市	**474.045**	**439.785**	**16.545**	**12.180**	**5.535**	**351.615**
东宝区	25.260	19.365	3.315	2.580		19.350
掇刀区	23.340	21.840	0.750	0.750		19.350

续表

行政区	按土地用途分					年实际耕地灌溉面积
	合计	耕地灌溉面积	林地灌溉面积	园地灌溉面积	牧草地灌溉面积	
京山县	153.750	151.980	0.765	1.005		101.325
沙洋县	121.785	119.070	1.590	1.125		108.660
钟祥市	122.115	108.675	5.925	1.980	5.535	97.005
屈家岭管理区	27.795	18.855	4.200	4.740		5.925
孝感市	**510.870**	**484.245**	**19.605**	**6.795**	**0.225**	**411.615**
孝南区	54.915	47.325	6.465	1.125		47.325
孝昌县	66.780	56.565	5.760	4.455		46.230
大悟县	47.355	46.875	0.135	0.345		33.915
云梦县	59.100	57.975	0.495	0.405	0.225	40.200
应城市	85.890	85.890				80.175
安陆市	82.545	82.545				58.680
汉川市	114.285	107.070	6.750	0.465		105.090
荆州市	**915.060**	**880.800**	**19.350**	**14.910**		**854.880**
沙市区	27.120	27.120				26.925
荆州区	57.870	57.870				53.010
公安县	148.875	148.875				148.875
监利市	237.855	231.405	6.045	0.405		211.395
江陵县	99.120	91.845	2.490	4.785		91.845
石首市	80.220	79.230	0.510	0.480		78.375
洪湖市	154.365	152.145	0.165	2.055		152.145
松滋市	109.635	92.310	10.140	7.185		92.310
黄冈市	**531.840**	**504.240**	**16.335**	**11.250**	**0.015**	**435.990**
黄州区	11.640	11.340		0.300		11.340
团风县	29.880	26.670	0.195	3.015		22.920
红安县	46.320	45.225	1.095			43.140
罗田县	49.425	49.425				30.555
英山县	21.870	19.500	1.560	0.810		18.285
浠水县	77.475	68.700	5.850	2.925		50.850
蕲春县	66.570	66.570				66.060

续表

行政区	按土地用途分					年实际耕地灌溉面积
	合计	耕地灌溉面积	林地灌溉面积	园地灌溉面积	牧草地灌溉面积	
黄梅县	87.675	87.615		0.045	0.015	71.250
麻城市	73.215	71.550		1.665		71.550
武穴市	67.770	57.645	7.635	2.490		50.040
咸宁市	**193.650**	**187.575**	**3.645**	**2.430**		**170.025**
咸安区	33.030	30.885	2.145			25.470
嘉鱼县	39.750	38.250	1.200	0.300		35.175
通城县	29.565	28.695	0.300	0.570		27.840
崇阳县	30.060	28.560		1.500		25.320
通山县	15.720	15.660		0.060		15.390
赤壁市	45.525	45.525				40.830
随州市	**231.630**	**212.895**	**14.880**	**3.600**	**0.255**	**179.850**
曾都区	49.425	47.490	0.495	1.440		26.850
随县	116.685	101.040	13.650	1.860	0.135	92.880
广水市	65.520	64.365	0.735	0.300	0.120	60.120
恩施土家族苗族自治州	**178.040**	**158.585**	**9.180**	**6.480**	**3.795**	**89.730**
恩施市	21.840	21.840				13.020
利川市	38.310	35.400	2.910			18.180
建始县	17.555	16.280	1.275			7.980
巴东县	10.755	10.755				7.890
宣恩县	22.125	22.035	0.045	0.045		11.295
咸丰县	29.925	17.160	4.950	4.020	3.795	11.145
来凤县	20.115	18.915		1.200		9.930
鹤峰县	17.415	16.200		1.215		10.290
省直管	**604.530**	**571.035**	**19.905**	**13.590**		**489.750**
仙桃市	185.595	170.295	5.100	10.200		140.340
潜江市	151.530	148.140		3.390		148.140
天门市	266.310	251.505	14.805			200.325
神农架林区	1.095	1.095				0.945

3-3 2021—2023年灌区数量

单位：处

行政区	2021年		2022年		2023年	
	总数	其中：大型灌区	总数	其中：大型灌区	总数	其中：大型灌区
湖北省	**1127**	**40**	**1127**	**40**	**1098**	**40**
武汉市	127	2	127	2	95	2
黄石市	92		92		92	
十堰市	47		47		46	
宜昌市	83	1	83	1	84	1
襄阳市	100	5	100	5	100	5
鄂州市	25		25		25	
荆门市	113	5	113	5	114	5
孝感市	104	1	104	1	104	1
荆州市	55	13	55	13	55	13
黄冈市	138	4	138	4	139	4
咸宁市	101	3	101	3	103	3
随州市	48	3	48	3	48	3
恩施土家族苗族自治州	73		73		73	
仙桃市	8	1	8	1	7	1
潜江市	5	1	5	1	5	1
天门市	8	1	8	1	8	1

3-4 2023年规模以上灌区数量

单位：处

行政区	合计	按规模分					
		50万亩以上	30万～50万亩	10万～30万亩	5万～10万亩	1万～5万亩	0.2万～1万亩
湖北省	**1098**	**14**	**26**	**64**	**84**	**346**	**564**
武汉市	**95**		**2**	**3**	**2**	**23**	**65**
洪山区	1						1
东西湖区	2			1		1	
汉南区	6					6	
蔡甸区	8			1		7	
江夏区	28					3	25
黄陂区	40		1	1	1	1	36
新洲区	8		1		1	5	1
化学工业区	2						2
黄石市	**92**			**2**	**2**	**34**	**54**
西塞山区	4						4
阳新县	58			1		18	39
大冶市	30			1	2	16	11
十堰市	**46**			**1**	**7**	**19**	**19**
郧阳区	4				4		
郧西县	2					2	
竹山县	4				2	2	
竹溪县	4			1		3	
房县	26					7	19
丹江口市	6				1	5	
宜昌市	**84**	**1**		**2**	**8**	**23**	**50**
点军区	3						3
猇亭区	1						1
夷陵区	3	1				2	
远安县	1				1		
兴山县	13				1	6	6
秭归县	12					9	3
长阳土家族自治县	16					2	14
五峰土家族自治县	6						6
宜都市	8				2	2	4
当阳市	14			2		1	11

续表

行政区	合计	按规模分					
		50万亩以上	30万～50万亩	10万～30万亩	5万～10万亩	1万～5万亩	0.2万～1万亩
枝江市	7				4	1	2
襄阳市	**100**	**1**	**4**	**6**	**7**	**38**	**44**
襄城区	17					2	15
襄州区	12			1	2	9	
南漳县	13		1	2		4	6
谷城县	18				2	4	12
保康县	5					5	
老河口市	1	1					
枣阳市	16		3	2	2	9	
宜城市	18			1	1	5	11
鄂州市	**25**			**1**	**3**	**6**	**15**
梁子湖区	15					4	11
华容区	2			1	1		
鄂城区	8				2	2	4
荆门市	**114**	**1**	**4**	**6**	**3**	**31**	**69**
东宝区	9	1				2	6
掇刀区	16						16
京山市	31		2	5		5	19
沙洋县	20				2	10	8
钟祥市	33		2	1	1	11	18
屈家岭管理区	5					3	2
孝感市	**104**		**1**	**12**	**21**	**45**	**25**
孝南区	11			2	3	5	1
孝昌县	10			1	4	4	1
大悟县	14				4	2	8
云梦县	3			1	2		
应城市	28			2	1	18	7
安陆市	8		1	2	2	2	1
汉川市	30			4	5	14	7
荆州市	**55**	**5**	**8**	**13**	**7**	**13**	**9**
荆州区	5		1	1		2	1
公安县	8	1	1	3	2	1	
监利市	9		4	1	2	2	
江陵县	3		2			1	
石首市	10	1		3	1	3	2
洪湖市	3	2		1			
松滋市	17	1		4	2	4	6

续表

行政区	合计	按规模分					
		50万亩以上	30万～50万亩	10万～30万亩	5万～10万亩	1万～5万亩	0.2万～1万亩
黄冈市	**139**	**1**	**3**	**10**	**12**	**50**	**63**
黄州区	5					5	
团风县	10			1	1	7	1
红安县	17		1			3	13
罗田县	18					10	8
英山县	10				2	2	6
浠水县	13	1				3	9
蕲春县	25				1	4	20
黄梅县	12			5	6		1
麻城市	23		2	1		15	5
武穴市	6			3	2	1	
咸宁市	**103**		**3**	**4**	**6**	**22**	**68**
咸安区	22		1	1	1	10	9
嘉鱼县	23		1			1	21
通城县	12			1	3	3	5
崇阳县	8			1	1	2	4
通山县	11			1		4	6
赤壁市	27		1		1	2	23
随州市	**48**	**2**	**1**	**1**	**1**	**20**	**23**
曾都区	3	1				2	
随县	19			1		8	10
广水市	26	1	1		1	10	13
恩施土家族苗族自治州	**73**					**13**	**60**
恩施市	4						4
利川市	18					3	15
建始县	15					3	12
巴东县	2					1	1
宣恩县	11					2	9
咸丰县	4						4
来凤县	15					2	13
鹤峰县	4					2	2
省直管	**20**	**3**		**3**	**5**	**9**	
仙桃市	7	1		1	2	3	
潜江市	5	1		1	1	2	
天门市	8	1		1	2	4	

注 1. 统计设计灌溉面积大于等于2000亩以上的灌区处数。
2. 跨县灌区数量由受益面积较大的县级行政区填报。

主要指标解释

【灌溉面积】 灌溉工程设施基本配套，且水源具有一定保证率的可灌溉的面积。按照土地类型，灌溉面积可以分为耕地灌溉面积、林地灌溉面积、园地灌溉面积和牧草地灌溉面积。

耕地指种植农作物的土地，包括熟地、新开发地、复垦地、整理地，休闲地（含轮歇地、轮作地）；以种植农作物（含蔬菜）为主，间有零星果树、桑树或其他树木的土地；平均每年能保证收获一季的已垦滩地。耕地中包括宽度小于1米固定的沟、渠、路和地坎（埂）；临时种植药材、草皮、花卉、苗木等的耕地，以及其他临时改变用途的耕地。

【耕地灌溉面积】 又称为有效灌溉面积，是指耕地上灌溉工程设施基本配套，且水源具有一定保证率的可以灌溉的面积。

林地指生长乔木、竹类、灌木、沿海红树林的土地，不包括居民绿化用地，以及铁路、公路、河流沟渠的护路、护草林。林地又分林地、灌木林、疏林地、未成林造林地、迹地和苗圃6个二级地类。

园地指种植以采集果、叶、根茎等为主的集约经营的多年生木本和草本作物，覆盖度大于50%，或每亩株数大于合理株树70%的土地，包括果实苗圃等用地。

牧草地指生长草本植物为主，主要用于畜牧业的土地。

【新增耕地灌溉面积】 指由于增加或改善水源、灌溉工程配套设施建设等原因当年增加的耕地灌溉面积。

【节水灌溉工程面积】 指采用喷灌、微灌、低压管道输水、渠道衬砌防渗等工程技术措施，提高用水效率和效益的灌溉面积。

喷灌、微灌、低压管道输水、渠道衬砌防渗灌溉面积按照《节水灌溉工程技术规范》（GB/T 50363—2006）的有关规定计算。

【规模以上灌区数量】 指设计灌溉面积大于等于2000亩以上的灌区处数。

四、水土保持

SHUI TU BAO CHI

图片来源：坡耕地治理完工照片

4-1　2021—2023年新增水土流失综合治理面积变化

单位：千公顷

行　政　区	2021年		2022年		2023年	
	年度新增面积	其中：年度新增小流域综合治理面积	年度新增面积	其中：年度新增小流域综合治理面积	年度新增面积	其中：年度新增小流域综合治理面积
湖北省	**173.16**	**56.84**	**167.18**	**45.84**	**163.22**	**34.01**
武汉市	3.37		5.9		4.93	1.30
黄石市	6.69	2.5	7.1		7.79	1.90
十堰市	26.53	7.92	24.09	13.24	22.38	6.08
宜昌市	20.14	4.79	20.99	3.92	19.02	4.52
襄阳市	14.28	1.03	15.41		15.98	1.63
鄂州市	0.54		0.47		0.51	
荆门市	15.03	6.59	12.23	8.54	10.83	2.41
孝感市	5.69	2.74	5.38	2.7	4.16	0.00
荆州市	4.83	1.18	2.43	1.25	2.46	0.94
黄冈市	21.44	16.98	23.31	10.06	21.82	7.58
咸宁市	12.14	4.85	9.68	3.25	10.21	1.92
随州市	9.19	2.51	8.5	2.88	8.30	0.94
恩施土家族苗族自治州	30.43	3.51	29		32.43	3.06
仙桃市	0.78	0.78	0.63		0.63	0.63
潜江市			0.05		0.05	
天门市	0.07		0.05		0.07	
神农架林区	2.01	1.46	1.96		1.66	1.10

4-2 2023年新增水土流失综合治理面积

单位：千公顷

行政区	年度新增水土流失综合治理面积							年度新增小流域综合治理面积
	合计	按措施分						
		梯田	水土保持林	经济林	种草	封禁治理	其他措施	
湖北省	**163.22**	**7.34**	**17.72**	**18.54**	**1.83**	**108.25**	**9.55**	**34.01**
武汉市	**4.93**		**0.37**	**0.11**	**0.26**	**3.82**	**0.37**	**1.30**
洪山区	0.26		0.07		0.19			
东西湖区	0.07				0.07			
蔡甸区	0.40		0.03				0.37	
江夏区	2.19			0.01		2.18		1.30
黄陂区	1.61		0.27	0.02		1.32		
新洲区	0.40			0.09		0.31		
黄石市	**7.79**		**0.71**	**0.90**		**6.06**	**0.13**	**1.90**
西塞山区	0.33			0.01		0.29	0.03	
下陆区	1.02					1.02		0.96
阳新县	3.15		0.47	0.49		2.19		
大冶市	3.30		0.24	0.40		2.56	0.10	0.95
十堰市	**22.38**	**0.31**	**1.43**	**1.50**	**0.13**	**19.00**		**6.08**
茅箭区	0.19					0.19		
张湾区	0.97					0.97		0.63
郧阳区	4.22	0.01	0.40	0.01		3.80		0.94
郧西县	2.46	0.23	0.42	0.83	0.13	0.84		
竹山县	3.02	0.06	0.07	0.50		2.40		1.71
竹溪县	2.83		0.15	0.02		2.66		0.94
房县	4.28					4.28		0.72
丹江口市	4.40	0.01	0.39	0.14		3.86		1.15
宜昌市	**19.02**	**0.37**	**0.63**	**1.22**	**0.20**	**16.07**	**0.53**	**4.52**
点军区	0.29				0.01	0.27	0.01	

续表

行政区	年度新增水土流失综合治理面积							年度新增小流域综合治理面积
	合计	按措施分						
		梯田	水土保持林	经济林	种草	封禁治理	其他措施	
猇亭区	0.05		0.05					
夷陵区	4.58	0.04				4.54		1.59
远安县	0.98			0.37		0.60	0.01	
兴山县	1.79	0.03			0.09	1.67		
秭归县	2.95		0.01			2.93	0.02	
长阳土家族自治县	3.35	0.05		0.33		2.97		0.94
五峰土家族自治县	2.67	0.08	0.01	0.25	0.01	1.83	0.49	0.87
宜都市	0.60	0.15	0.37		0.04	0.05		
当阳市	1.56	0.02		0.27	0.05	1.22		1.12
枝江市	0.20		0.20					
襄阳市	**15.98**	**0.23**	**3.02**	**2.23**	**0.49**	**9.71**	**0.31**	**1.63**
襄城区	0.33		0.11			0.22		
樊城区	0.16		0.15		0.01			
襄州区	0.72		0.24	0.01	0.47			
南漳县	4.35		0.07	0.19		3.90	0.19	0.82
谷城县	1.09		0.09	0.08		0.93		
保康县	3.92		0.69	0.01		3.22		0.82
老河口市	0.69		0.21	0.37			0.12	
枣阳市	2.36	0.23	0.66	1.25	0.01	0.21		
宜城市	2.37		0.81	0.33		1.23		
鄂州市	**0.51**		**0.30**	**0.12**		**0.06**	**0.02**	
梁子湖区	0.17		0.17					
华容区	0.09		0.09					
鄂城区	0.25		0.04	0.12		0.06	0.02	
荆门市	**10.83**	**2.75**	**1.95**	**0.08**		**5.86**	**0.19**	**2.41**
东宝区	2.26		0.13			2.12		0.67
掇刀区	0.90	0.13	0.08	0.03		0.66		0.68

续表

行政区	年度新增水土流失综合治理面积							年度新增小流域综合治理面积
	合计	按措施分						
		梯田	水土保持林	经济林	种草	封禁治理	其他措施	
京山县	3.04	1.29	0.29	0.01		1.36	0.08	
沙洋县	0.21					0.21		
钟祥市	4.43	1.33	1.45	0.03		1.51	0.11	1.06
孝感市	**4.16**		**0.44**	**0.85**	**0.19**	**1.58**	**1.11**	
孝南区	0.16		0.11		0.05		0.01	
孝昌县	0.44			0.44				
大悟县	1.91		0.34			1.58		
应城市	0.15				0.15			
安陆市	0.41			0.41				
汉川市	1.10						1.10	
荆州市	**2.46**	**0.02**	**0.19**	**0.25**	**0.17**	**0.92**	**0.91**	**0.94**
荆州区	0.10				0.10			
公安县	0.06		0.06					
石首市	0.13		0.13					
洪湖市	0.07				0.07			
松滋市	2.10	0.02		0.25		0.92	0.91	0.94
黄冈市	**21.82**	**0.77**	**1.76**	**4.08**	**0.14**	**14.99**	**0.08**	**7.58**
黄州区	0.07		0.07					
团风县	1.69					1.68		0.94
红安县	2.77	0.04		0.80		1.93		1.38
罗田县	2.47	0.60	0.01			1.86		
英山县	2.33		0.68	0.11		1.54		1.55
浠水县	2.87	0.01	0.45	0.86		1.48	0.08	1.10
蕲春县	3.18	0.12	0.24	1.18		1.64		1.66
黄梅县	0.49		0.03		0.14	0.32		
麻城市	5.15		0.18	1.11		3.86		0.95
武穴市	0.79		0.11	0.02		0.66		

续表

行政区	年度新增水土流失综合治理面积							年度新增小流域综合治理面积
	合计	按措施分						
		梯田	水土保持林	经济林	种草	封禁治理	其他措施	
咸宁市	**10.21**	**0.28**	**3.01**	**1.16**	**0.13**	**5.63**		**1.92**
咸安区	0.92		0.30		0.01	0.61		
嘉鱼县	0.32		0.07	0.20		0.05		
通城县	2.24	0.27	0.61	0.26	0.12	0.98		0.98
崇阳县	2.40	0.01				2.39		0.94
通山县	2.18		1.55			0.64		
赤壁市	2.15		0.48	0.70		0.97		
随州市	**8.30**	**2.09**	**2.86**	**1.78**	**0.10**	**1.24**	**0.23**	**0.94**
曾都区	1.11	0.87					0.23	
随县	5.37	0.64	1.74	1.66	0.10	1.24		0.94
广水市	1.82	0.58	1.12	0.12				
恩施土家族苗族自治州	**32.43**	**0.52**	**0.81**	**4.17**		**21.90**	**5.03**	**3.06**
恩施市	5.14					5.14		0.95
利川市	4.69	0.32	0.55	0.23		1.72	1.88	
建始县	5.20	0.02	0.18			3.60	1.39	1.18
巴东县	5.18	0.11		3.28		1.77	0.02	0.94
宣恩县	3.94	0.05	0.07			3.47	0.35	
咸丰县	3.06	0.01		0.40		1.25	1.40	
来凤县	1.47			0.27		1.20		
鹤峰县	3.74	0.02				3.73		
省直管	**2.41**		**0.24**	**0.09**	**0.01**	**1.44**	**0.63**	**1.73**
仙桃市	0.63						0.63	0.63
潜江市	0.05		0.05					
天门市	0.07		0.06		0.01			
神农架林区	1.66		0.13	0.09		1.44		1.10

主要指标解释

【年度新增小流域综合治理面积】 指当年综合治理的小流域面积。

【年度新增水土流失综合治理面积】 指当年治理的水土流失面积。

基本农田指人工修建的能抵御一般旱、涝等自然灾害，保持高产稳产的农作土地，包括梯田、坝地和其他基本农田等3类。

水土保持林指以防治水土流失为主要功能营造的人工林。根据其功能的不同，可分为坡面防护林、沟头防护林、沟底防护林、塬边防护林、护岸林、水库防护林、防风固沙林、海岸防护林等。

经济林指为利用林木的果实、叶片、皮层、树液等林产品供人食用，或作为工业原料，或作为药材等为主要目的而培育和经营的人工林。

种草指经人工种植或培育，覆盖度达到70%以上的草地。

封禁治理指采取禁伐禁砍，实施封育管护等的水土流失治理措施的面积。

其他措施指通过除上述措施以外的采用其他治理的水土流失方式，包括保土耕作、地埂植物带、改垄等措施。

五、水利建设投资

SHUI LI JIAN SHE TOU ZI

图片来源：鄂北水资源配置工程监理现场

5－1 2023年水利建设项目总体情况

项目类别	项目数量/个	自开工累计计划总投资/万元	自开工累计安排投资/万元	本年计划投资/万元	自开工累计完成投资/万元	本年完成投资/万元
一、按建设阶段分	**1979**	**23484844.96**	**8997961.82**	**6927573.93**	**11320358.62**	**6646894.22**
本年正式施工	1614	23110214.96	8739614.82	6669226.93	11016487.62	6383923.22
全部停缓建	2	93000.00	38000.00	38000.00	45200.00	38000.00
单纯购置	314	262975.00	201692.00	201692.00	240218.00	206518.00
前期工作	49	18655.00	18655.00	18655.00	18453.00	18453.00
二、按建设性质分	**1979**	**23484844.96**	**8997961.82**	**6927573.93**	**11320358.62**	**6646894.22**
新建	1115	19314318.18	6596507.62	5234708.23	8674445.70	4949269.52
扩建	66	878679.17	452369.56	257726.06	528291.03	286427.71
改建和技术改造	434	3006137.61	1724657.64	1210712.64	1854870.89	1182145.99
恢复	1	4080.00	4080.00	4080.00	4080.00	4080.00
单纯购置	314	262975.00	201692.00	201692.00	240218.00	206518.00
前期工作	49	18655.00	18655.00	18655.00	18453.00	18453.00
三、按建设规模分	**1979**	**23484844.96**	**8997961.82**	**6927573.93**	**11320358.62**	**6646894.22**
大中型	7	3518598.80	1012309.80	326749.80	1039347.00	206324.00
小型	1972	19966246.16	7985652.02	6600824.13	10281011.62	6440570.22
四、按隶属关系分	**1979**	**23484844.96**	**8997961.82**	**6927573.93**	**11320358.62**	**6646894.22**
省（区、市）属	46	2999695.42	1039995.80	266537.80	1040831.25	159298.08
地（市）属	233	7508915.07	1876575.23	1713914.60	3663322.69	1658893.26
县（区、市）属	1700	12976234.47	6081390.79	4947121.53	6616204.68	4828702.88
五、按项目类型分	**1979**	**23484844.96**	**8997961.82**	**6927573.93**	**11320358.62**	**6646894.22**
国家水网骨干工程	**22**	**4141240.69**	**1230608.80**	**438080.80**	**1349491.00**	**320873.00**
重大骨干防洪减灾工程	6	1712879.80	982309.80	296749.80	1039347.00	206324.00
重大水资源配置工程	2	1825696.00	40900.00	30000.00	10900.00	213.00
其中：南水北调项目	1	28965.00	3000.00	3000.00	16000.00	3000.00
重大农业节水供水工程（含大型灌区新建及现代化改造）	13	573699.89	204399.00	108331.00	283244.00	111336.00

续表

项目类别	项目数量/个	自开工累计计划总投资/万元	自开工累计安排投资/万元	本年计划投资/万元	自开工累计完成投资/万元	本年完成投资/万元
防洪工程体系建设	**482**	**4818110.71**	**2015412.25**	**1567035.86**	**2752152.25**	**1580384.22**
流域面积3000平方千米以上河流治理（主要支流）	31	1049839.67	438538.00	209898.00	509675.00	257611.00
流域面积200～3000平方千米中小河流治理	38	468340.07	83150.00	74564.00	214163.00	72075.00
流域面积200平方千米以下河流治理	36	309415.31	118774.50	59920.92	122906.92	81710.92
区域排涝能力建设	87	2002746.56	864202.04	753413.54	1199018.48	718731.96
大中型病险水库除险加固	13	271713.36	129660.00	96439.00	204045.68	96926.00
小型病险水库除险加固	58	123993.49	75087.22	71449.59	84744.86	79184.03
大中型病险水闸除险加固	8	177732.98	95541.60	95141.60	129456.60	97356.60
山洪灾害防治（含农村基层防汛预报预警体系建设）	80	11468.40	8117.72	7105.04	10746.35	8223.35
城市防洪	3	216211.64	96211.64	96211.64	96211.64	63211.64
水毁工程修复和水利救灾	124	26877.04	20350.53	17113.53	21411.53	18081.53
防汛通信设施等其他防洪减灾项目	4	159772.19	85779.00	85779.00	159772.19	87272.19
农村水利建设	**264**	**5148843.01**	**2433643.94**	**2102987.94**	**2564193.04**	**1963468.79**
农村供水保障工程（含城乡供水一体化、农村供水规模化建设及小型工程规范化改造）	145	3716017.65	1745196.59	1440726.59	1816346.44	1380134.64
中小型灌区改造	44	261398.64	110108.00	103745.00	95972.00	86905.55
高效节水灌溉和高标准农田灌排体系建设	25	576304.00	325042.00	314476.00	379922.00	302642.00
灌溉排水泵站更新改造	9	141465.99	15839.00	14839.00	66534.25	38207.25
小型农田水利设施建设	20	128294.00	79474.00	79424.00	80553.00	62021.00
农村水系综合整治（含水系连通及水美乡村建设）	15	277594.35	130206.35	122006.35	116587.35	85287.35
农村河塘清淤整治	3	1243.00	1243.00	1243.00	1243.00	1243.00
小型水源工程	2	46490.38	26500.00	26500.00	7000.00	7000.00
其他农村水利建设	1	35.00	35.00	28.00	35.00	28.00

续表

项 目 类 别	项目数量/个	自开工累计计划总投资/万元	自开工累计安排投资/万元	本年计划投资/万元	自开工累计完成投资/万元	本年完成投资/万元
其他重点水源工程	**34**	**999543.28**	**272534.00**	**267534.00**	**402484.00**	**251709.00**
新建中型水库	1	20500.00	20500.00	20500.00	20500.00	20500.00
新建小型水库	19	338558.41	112649.00	107649.00	114374.00	100349.00
新建大型水库及其他引调水工程（除列入重大水利工程以外的项目）	14	640484.87	139385.00	139385.00	267610.00	130860.00
河湖生态保护治理	**155**	**6809684.41**	**2033475.99**	**1655815.99**	**3263184.81**	**1699172.21**
水土保持工程建设（含以奖代补试点）	46	71024.36	46077.76	46077.76	45877.76	45577.76
河流综合治理与生态修复（除列入重大工程以外的项目）	88	6546518.62	1860535.13	1495475.13	3085774.95	1539662.35
水源地保护治理	21	192141.43	126863.10	114263.10	131532.10	113932.10
数字孪生水利建设	**3**	**4400.00**	**3414.00**	**3414.00**	**3414.00**	**3414.00**
水利工程设施维修养护等	**709**	**766273.14**	**353498.47**	**353377.47**	**326086.63**	**303561.63**
农村饮水工程设施维修养护	104	388486.68	132436.83	132436.83	125905.83	121620.83
小型水库工程设施维修养护	105	57384.00	43201.00	43201.00	57871.00	43201.00
山洪灾害防治非工程措施维修养护	117	4672.00	2360.00	2360.00	2384.00	2367.00
其他水利工程设施维修养护	99	118565.63	42487.62	42487.62	43393.44	42843.44
农业水价综合改革	68	8145.26	7841.00	7841.00	7830.79	7815.79
河湖管护	101	70451.00	42897.00	42776.00	36276.00	34159.00
水资源节约与保护	115	118568.57	82275.02	82275.02	52425.57	51554.57
行业能力建设	**19**	**57778.37**	**46721.87**	**46721.87**	**26497.30**	**26397.30**
基础设施建设（含水政监察）	15	40947.77	36857.87	36857.87	16228.00	16128.00
水文水资源工程（含水文基础设施）	3	11830.60	4864.00	4864.00	5269.30	5269.30
前期工作	1	5000.00	5000.00	5000.00	5000.00	5000.00
大中型水库移民后期扶持基金	**226**	**341590.90**	**318155.50**	**300809.00**	**309949.59**	**293275.69**
三峡后续工作专项资金	**65**	**397380.45**	**290497.00**	**191797.00**	**322906.00**	**204638.38**
六、按所属水资源分区	**1979**	**23484844.96**	**8997961.82**	**6927573.93**	**11320358.62**	**6646894.22**
长江区（不含太湖）	1979	23484844.96	8997961.82	6927573.93	11320358.62	6646894.22

5－2　2023年水利建设

项　目　类　型	本年计划投资	中央政府投资		
		小计	预算内资金	财政资金
合计	**6927573.93**	**1092217.00**	**407265.00**	**684952.00**
国家水网骨干工程	**438080.80**	**177400.00**	**177400.00**	
重大骨干防洪减灾工程	296749.80	111200.00	111200.00	
重大水资源配置工程	30000.00			
其中：南水北调项目	3000.00	2100.00	2100.00	
重大农业节水供水工程（含大型灌区新建及现代化改造）	108331.00	64100.00	64100.00	
防洪工程体系建设	**1567035.86**	**348732.00**	**223855.00**	**124877.00**
流域面积3000平方千米以上河流治理（主要支流）	209898.00	89717.00	89717.00	
流域面积200～3000平方千米中小河流治理	74564.00	49183.00	5037.00	44146.00
流域面积200平方千米以下河流治理	59920.92	20544.00		20544.00
区域排涝能力建设	753413.54	99298.00	99298.00	
大中型病险水库除险加固	96439.00	29803.00	29803.00	
小型病险水库除险加固	71449.59	41390.00		41390.00
大中型病险水闸除险加固	95141.60			
山洪灾害防治（含农村基层防汛预报预警体系）	7105.04	5911.00		5911.00
城市防洪	96211.64			
水毁工程修复和水利救灾	17113.53	12798.00		12798.00
防汛通信设施等其他防洪减灾项目	85779.00	88.00		88.00
农村水利建设	**2102987.94**	**60285.00**	**2510.00**	**57775.00**
农村供水保障工程（含城乡供水一体化、农村供水规模化建设及小型工程规范化改造）	1440726.59	572.00		572.00
中小型灌区改造	103745.00	39403.00		39403.00
高效节水灌溉和高标准农田灌排体系建设	314476.00			
灌溉排水泵站更新改造	14839.00	2510.00	2510.00	
小型农田水利设施建设	79424.00			
农村水系综合整治（含水系连通及水美乡村建设）	122006.35	17800.00		17800.00
农村河塘清淤整治	1243.00			
小型水源工程	26500.00			
其他农村水利建设	28.00			
其他重点水源工程	**267534.00**	**22000.00**		**22000.00**
新建中型水库	20500.00			
新建小型水库	107649.00	22000.00		22000.00
新建大型水库及其他引调水工程（除列入重大水利工程以外的项目）	139385.00			
河湖生态保护治理	**1655815.99**	**12875.00**	**1500.00**	**11375.00**
水土保持工程建设（含以奖代补试点）	46077.76	10175.00		10175.00
河流综合治理与生态修复（除列入重大工程以外的项目）	1495475.13	1500.00	1500.00	
水源地保护治理	114263.10	1200.00		1200.00
数字孪生水利建设	**3414.00**			
水利工程设施维修养护等	**353377.47**	**45089.00**		**45089.00**
农村饮水工程设施维修养护	132436.83	12917.00		12917.00
小型水库工程设施维修养护	43201.00	15781.00		15781.00
山洪灾害防治非工程措施维修养护	2360.00	1640.00		1640.00
其他水利工程设施维修养护	42487.62	50.00		50.00
农业水价综合改革	7841.00	5704.00		5704.00
河湖管护	42776.00	6677.00		6677.00
水资源节约与保护	82275.02	2320.00		2320.00
行业能力建设	**46721.87**	**2000.00**	**2000.00**	
基础设施建设（含水政监察）	36857.87			
水文水资源工程（含水文基础设施）	4864.00	2000.00	2000.00	
前期工作	5000.00			
大中型水库移民后期扶持基金	**300809.00**	**235039.00**		**235039.00**
三峡后续工作专项资金	**191797.00**	**188797.00**		**188797.00**

项目计划投资（按项目类型分）

单位：万元

地方政府投资				地方一般债券	地方专项债券	银行贷款	社会资本
小计	省级	地市级	县级及以下				
2114521.17	**286705.02**	**713837.88**	**1113978.27**	**272419.73**	**699815.42**	**1749480.14**	**999120.47**
139022.00	**121000.00**	**12122.00**	**5900.00**	**400.00**	**2645.00**	**118613.80**	
84313.00	73550.00	7963.00	2800.00			101236.80	
30000.00	30000.00						
900.00	900.00						
23809.00	16550.00	4159.00	3100.00	400.00	2645.00	17377.00	
637564.57	**55612.00**	**271326.88**	**310625.69**	**89602.26**	**152066.79**	**316873.24**	**22197.00**
85939.00	24925.00	19726.00	41288.00	882.00	8000.00	22514.00	2846.00
20675.00	7258.00		13417.00	606.00		4100.00	
16310.64		7927.00	8383.64	1380.28	4600.00	7086.00	10000.00
434767.75	1665.00	240818.23	192284.52	68193.00	94890.79	46913.00	9351.00
24136.00	16507.00	2030.00	5599.00		2500.00	40000.00	
12618.61	881.00	58.65	11678.96	17440.98			
7704.00		602.00	7102.00	900.00	12076.00	74461.60	
1194.04			1194.04				
29413.00			29413.00		30000.00	36798.64	
4315.53	4070.00	65.00	180.53				
491.00	306.00	100.00	85.00	200.00		85000.00	
620542.47	**23935.00**	**95916.00**	**500691.47**	**46889.47**	**399666.00**	**746827.00**	**228778.00**
292469.59	20800.00	57431.00	214238.59	27700.00	336966.00	563827.00	219192.00
3842.00	2022.00	1200.00	620.00		13000.00	47500.00	
263065.00		10575.00	252490.00		13000.00	38000.00	411.00
11154.00	546.00	9270.00	1338.00	1000.00			175.00
35224.00	467.00	12740.00	22017.00	16500.00	1700.00	22000.00	4000.00
12016.88		4700.00	7316.88	1689.47	35000.00	50500.00	5000.00
1243.00	100.00		1143.00				
1500.00			1500.00			25000.00	
28.00			28.00				
58759.00	**5000.00**	**849.00**	**52910.00**	**5500.00**	**90700.00**	**42250.00**	**48325.00**
					20500.00		
9449.00	2000.00	549.00	6900.00		28200.00	5000.00	43000.00
49310.00	3000.00	300.00	46010.00	5500.00	42000.00	37250.00	5325.00
547611.66	**3300.00**	**329389.00**	**214922.66**	**126397.00**	**54671.76**	**456916.10**	**457344.47**
34702.76	1300.00	20934.00	12468.76				1200.00
493176.90		302884.00	190292.90	100397.00	49665.76	434219.10	416516.37
19732.00	2000.00	5571.00	12161.00	26000.00	5006.00	22697.00	39628.10
1183.00		**580.00**	**603.00**	**2231.00**			
86304.47	**68494.02**	**1590.00**	**16220.45**	**1400.00**		**68000.00**	**152584.00**
11965.83	2675.00	1543.00	7747.83	1400.00			106154.00
5420.00	2641.00		2779.00			22000.00	
720.00	650.00		70.00				
26007.62	20956.00		5051.62				16430.00
2137.00	2000.00	47.00	90.00				
11099.00	10617.00		482.00			25000.00	
28955.02	28955.02					21000.00	30000.00
9764.00	**9364.00**	**400.00**			**65.87**		**34892.00**
1900.00	1500.00	400.00			65.87		34892.00
2864.00	2864.00						
5000.00	5000.00						
10770.00		**1665.00**	**9105.00**				**55000.00**
3000.00			**3000.00**				

5－3　2023年水利建设

行　政　区	本年计划投资	中央政府投资		
		小计	预算内资金	财政资金
湖北省	**6927573.93**	**1092217.00**	**407265.00**	**684952.00**
武汉市	**827821.23**	**48966.00**	**40911.00**	**8055.00**
市辖区	557910.00	35559.00	34873.00	686.00
汉阳区	18001.42			
东西湖区	187292.00	150.00		150.00
汉南区	21224.53	317.00		317.00
蔡甸区	5091.00	2923.00	2510.00	413.00
江夏区	24860.28	4636.00	3528.00	1108.00
黄陂区	12212.00	4717.00		4717.00
新洲区	1211.00	645.00		645.00
东湖新技术开发区	19.00	19.00		19.00
黄石市	**425612.00**	**30732.00**	**14291.00**	**16441.00**
市辖区	97945.00	3717.00		3717.00
黄石港区	237.00	237.00		237.00
西塞山区	123.00	123.00		123.00
下陆区	453.00	303.00		303.00
铁山区	2356.00	56.00		56.00
阳新县	168469.00	20770.00	12374.00	8396.00
大冶市	156029.00	5526.00	1917.00	3609.00
十堰市	**345990.95**	**95306.00**	**3970.00**	**91336.00**
市辖区	49125.00	4463.00		4463.00
茅箭区	4487.00	178.00		178.00
张湾区	5444.74	2554.00		2554.00
郧阳区	48037.00	23739.00	3970.00	19769.00
郧西县	41603.00	6521.00		6521.00
竹山县	28845.21	6871.00		6871.00
竹溪县	30773.00	12201.00		12201.00
房县	80771.00	7624.00		7624.00
丹江口市	56905.00	31155.00		31155.00

项目计划投资（按地区分）

单位：万元

地方政府投资				地方一般债券	地方专项债券	银行贷款	社会资本
小计	省级	地市级	县级及以下				
2114521.17	**286705.02**	**713837.88**	**1113978.27**	**272419.73**	**699815.42**	**1749480.14**	**999120.47**
486975.81	**14097.00**	**447652.00**	**25226.81**	**7103.00**	**60522.42**	**80000.00**	**144254.00**
390097.00	11053.00	371832.00	7212.00				132254.00
9500.00		9500.00			8501.42		
55942.00		55942.00			51200.00	80000.00	
6504.53		4500.00	2004.53	2403.00			12000.00
347.00	347.00			1000.00	821.00		
16524.28	782.00	200.00	15542.28	3700.00			
7495.00	1349.00	5678.00	468.00				
566.00	566.00						
152953.00	**6353.00**		**146600.00**		**900.00**	**241027.00**	
2228.00	2228.00					92000.00	
150.00	150.00						
300.00	300.00					2000.00	
672.00	672.00					147027.00	
149603.00	3003.00		146600.00		900.00		
58517.95	**12782.00**	**549.00**	**45186.95**	**3731.00**	**86800.00**	**101636.00**	
1162.00	613.00	549.00		1500.00		42000.00	
709.00	709.00				3600.00		
890.74	196.00		694.74		2000.00		
10212.00	6243.00		3969.00		11500.00	2586.00	
15482.00	482.00		15000.00			19600.00	
1974.21	701.00		1273.21		20000.00		
1922.00	1472.00		450.00			16650.00	
24447.00	647.00		23800.00		38700.00	10000.00	
1719.00	1719.00			2231.00	11000.00	10800.00	

行　政　区	本年计划投资	中央政府投资		
		小计	预算内资金	财政资金
宜昌市	**810006.00**	**135674.00**	**9247.00**	**126427.00**
市辖区	190555.00	4331.00		4331.00
西陵区	30168.00	270.00		270.00
伍家岗区	4923.00	205.00		205.00
点军区	13149.00	239.00		239.00
猇亭区	187.00	179.00		179.00
夷陵区	43936.00	17179.00		17179.00
远安县	53692.00	1026.00		1026.00
兴山县	41444.00	24649.00		24649.00
秭归县	107303.00	57108.00		57108.00
长阳土家族自治县	6914.00	5185.00	600.00	4585.00
五峰土家族自治县	10945.00	2180.00		2180.00
宜都市	170819.00	6312.00	3108.00	3204.00
当阳市	18400.00	14428.00	5539.00	8889.00
枝江市	117571.00	2383.00		2383.00
襄阳市	**683556.42**	**78233.00**	**24057.00**	**54176.00**
市辖区	137759.00	10164.00	8530.00	1634.00
襄城区	37272.64	430.00		430.00
樊城区	3585.00	415.00		415.00
襄州区	95452.00	15512.00	7500.00	8012.00
南漳县	20433.00	9094.00	1275.00	7819.00
谷城县	32952.00	5263.00	1500.00	3763.00
保康县	37054.00	1773.00		1773.00
老河口市	263440.70	4280.00		4280.00
枣阳市	27049.00	16913.00	5252.00	11661.00
宜城市	28559.08	14389.00		14389.00
鄂州市	**116452.00**	**5026.00**		**5026.00**
市辖区	80569.00	3084.00		3084.00
梁子湖区	32353.00	1353.00		1353.00
华容区	2833.00	7.00		7.00
鄂城区	697.00	582.00		582.00
荆门市	**446532.00**	**60798.00**	**22856.00**	**37942.00**
市辖区	72531.00	11211.00		11211.00
东宝区	14033.00	1685.00		1685.00

续表

地方政府投资				地方一般债券	地方专项债券	银行贷款	社会资本
小计	省级	地市级	县级及以下				
48527.00	**14037.00**	**4712.00**	**29778.00**	**6266.00**	**29000.00**	**297550.00**	**292989.00**
17978.00	2978.00		15000.00	5000.00	20000.00		143246.00
6.00	6.00						29892.00
4718.00	6.00	4712.00					
12910.00	910.00		12000.00				
8.00	8.00						
1757.00	1707.00		50.00			25000.00	
1666.00	1666.00				6000.00	45000.00	
795.00	795.00						16000.00
479.00	479.00			266.00		31450.00	18000.00
1729.00	1129.00		600.00				
565.00	565.00					8200.00	
756.00	756.00				3000.00	74900.00	85851.00
3972.00	1844.00		2128.00				
1188.00	1188.00			1000.00		113000.00	
62493.10	**13062.02**	**26203.00**	**23228.08**	**56003.98**	**70270.00**	**415556.34**	**1000.00**
24354.02	5651.02	18703.00		19540.98		83700.00	
44.00			44.00			36798.64	
					3170.00		
17196.00	1000.00	7500.00	8696.00	4744.00	38000.00	20000.00	
2239.00	514.00		1725.00			9100.00	
3073.00	3073.00			5619.00	4400.00	13597.00	1000.00
3281.00	281.00		3000.00	15000.00	17000.00		
500.00	500.00			600.00	5700.00	252360.70	
6136.00	1441.00		4695.00	2000.00	2000.00		
5670.08	602.00		5068.08	8500.00			
49377.00	**2036.00**	**44450.00**	**2891.00**	**50.00**	**55475.00**	**1199.00**	**5325.00**
42486.00	2036.00	40450.00			28475.00	1199.00	5325.00
4000.00		4000.00			27000.00		
2826.00			2826.00				
65.00			65.00	50.00			
97734.00	**22595.00**	**4128.00**	**71011.00**	**49700.00**	**10000.00**	**222200.00**	**6100.00**
3320.00	542.00	2778.00		20000.00		38000.00	
348.00	338.00		10.00			12000.00	

行　政　区	本年计划投资	中央政府投资		
		小计	预算内资金	财政资金
屈家岭管理区	606.00	256.00		256.00
掇刀区	20208.00	7478.00	6300.00	1178.00
京山市	83447.00	7127.00	3037.00	4090.00
沙洋县	102076.00	7304.00	664.00	6640.00
钟祥市	153631.00	25737.00	12855.00	12882.00
孝感市	**382837.55**	**34332.00**	**18043.00**	**16289.00**
市辖区	61611.60	8039.00	7790.00	249.00
孝南区	18885.88	738.00		738.00
孝昌县	37872.00	3487.00		3487.00
大悟县	36035.00	4554.00		4554.00
云梦县	9561.16	447.00		447.00
应城市	85210.00	3393.00	2652.00	741.00
安陆市	64528.44	3527.00		3527.00
汉川市	69133.47	10147.00	7601.00	2546.00
荆州市	**487741.00**	**110796.00**	**48103.00**	**62693.00**
市辖区	62398.00	47991.00	7983.00	40008.00
沙市区	74.00	73.00		73.00
荆州区	17603.00	5869.00	3721.00	2148.00
公安县	59106.00	4422.00	1806.00	2616.00
监利市	151563.00	15274.00	11103.00	4171.00
江陵县	19123.00	7327.00	3380.00	3947.00
石首市	47623.00	9636.00	3075.00	6561.00
洪湖市	114433.00	16585.00	16195.00	390.00
松滋市	15818.00	3619.00	840.00	2779.00
黄冈市	**851969.69**	**163814.00**	**67405.00**	**96409.00**
市辖区	97430.00	20691.00	14684.00	6007.00
黄州区	10801.00	313.00		313.00
团风县	107104.00	12417.00	3325.00	9092.00
红安县	89641.00	9298.00		9298.00
罗田县	90501.00	9553.00		9553.00
英山县	58526.00	11032.00		11032.00
浠水县	100716.00	11261.00	4187.00	7074.00
蕲春县	53782.00	35873.00	20000.00	15873.00
黄梅县	93012.04	18794.00	13477.00	5317.00

续表

地方政府投资				地方一般债券	地方专项债券	银行贷款	社会资本
小计	省级	地市级	县级及以下				
350.00	100.00		250.00				
2730.00	1350.00	1350.00	30.00		10000.00		
31220.00	6422.00		24798.00	5000.00		40000.00	100.00
8872.00	1185.00		7687.00	5700.00		79200.00	1000.00
50894.00	12658.00		38236.00	19000.00		53000.00	5000.00
103669.33	**12306.00**	**4868.23**	**86495.10**	**17928.75**	**37400.00**	**50000.00**	**139507.47**
13000.23	1241.00	4868.23	6891.00	10000.00			30572.37
14597.88	450.00		14147.88	350.00	3200.00		
585.00	455.00		130.00		2900.00	30900.00	
1781.00	381.00		1400.00	600.00	10000.00	19100.00	
4145.88	431.00		3714.88	4968.28			
17728.00	478.00		17250.00	582.00	9300.00		54207.00
10373.34	1478.00		8895.34		12000.00		38628.10
41458.00	7392.00		34066.00	1428.47			16100.00
201145.00	**11326.00**	**31967.00**	**157852.00**		**135800.00**		**40000.00**
14407.00	2440.00	11967.00					
1.00	1.00						
11734.00	467.00		11267.00				
14684.00	668.00		14016.00				40000.00
10289.00	714.00		9575.00		126000.00		
6796.00	2011.00		4785.00		5000.00		
37987.00	662.00		37325.00				
97848.00	2234.00	20000.00	75614.00				
7399.00	2129.00		5270.00		4800.00		
449493.69	**18141.00**	**101280.65**	**330072.04**	**15080.00**	**13000.00**	**20000.00**	**190582.00**
76739.00	1385.00	47236.00	28118.00				
10488.0	394.00		10094.00				
54687.00	1641.00		53046.00			20000.00	20000.00
44511.00	510.00	38876.00	5125.00	4080.00	6000.00		25752.00
45948.00	439.00		45509.00				35000.00
37494.00	351.00	1065.00	36078.00	10000.00			
24955.00	682.00	4484.00	19789.00	1000.00	2000.00		61500.00
11479.00	6894.00		4585.00				6430.00
36218.04	2330.00	3825.00	30063.04				38000.00

行　政　区	本年计划投资	中央政府投资		
		小计	预算内资金	财政资金
麻城市	60453.65	16783.00	3277.00	13506.00
武穴市	83436.00	13049.00	3840.00	9209.00
白莲河示范区	5252.00	4176.00	4115.00	61.00
龙感湖管理区	1315.00	574.00	500.00	74.00
咸宁市	**274995.29**	**47206.00**	**15022.00**	**32184.00**
市辖区	254.00	26.00		26.00
咸安区	23873.00	4534.00	1312.00	3222.00
嘉鱼县	37482.39	3923.00	2215.00	1708.00
通城县	45234.00	4137.00	940.00	3197.00
崇阳县	42616.28	7258.00	3105.00	4153.00
通山县	67500.00	13822.00	1510.00	12312.00
赤壁市	58035.62	13506.00	5940.00	7566.00
随州市	**100878.00**	**30601.00**	**8750.00**	**21851.00**
市辖区	31711.00	9150.00	8750.00	400.00
曾都区	9721.00	3041.00		3041.00
随县	26571.00	8942.00		8942.00
广水市	32875.00	9468.00		9468.00
恩施土家族苗族自治州	**451021.00**	**119328.00**	**55500.00**	**63828.00**
恩施市	156702.00	53388.00	50000.00	3388.00
利川市	37055.00	7891.00	5500.00	2391.00
建始县	41136.00	4059.00		4059.00
巴东县	66326.00	33267.00		33267.00
宣恩县	65839.00	4267.00		4267.00
咸丰县	34638.00	4515.00		4515.00
来凤县	26117.00	3930.00		3930.00
鹤峰县	22634.00	7797.00		7797.00
州直	574.00	214.00		214.00
省直管	**722160.80**	**131405.00**	**79110.00**	**52295.00**
仙桃市	176452.80	31803.00	26236.00	5567.00
潜江市	129199.00	10120.00	8030.00	2090.00
天门市	190063.00	8265.00	4495.00	3770.00
神农架林区	6991.00	4170.00	2432.00	1738.00
厅直单位	219455.00	77047.00	37917.00	39130.00

续表

地方政府投资				地方一般债券	地方专项债券	银行贷款	社会资本
小计	省级	地市级	县级及以下				
34770.65	2192.00	5794.65	26784.00		5000.00		3900.00
70387.00	363.00		70024.00				
1076.00	960.00		116.00				
741.00			741.00				
71707.29	**10976.00**	**21434.00**	**39297.29**	**1382.00**	**19500.00**	**108800.00**	**26400.00**
228.00	228.00						
6939.00	4831.00		2108.00		2000.00	6000.00	4400.00
10559.39	637.00		9922.39		8000.00	15000.00	
715.00	715.00			882.00	1500.00	38000.00	
18858.28	602.00	9736.00	8520.28	500.00		16000.00	
19878.00	500.00	11698.00	7680.00			33800.00	
14529.62	3463.00		11066.62		8000.00		22000.00
7934.00	**6309.00**	**850.00**	**775.00**	**5668.00**	**36000.00**	**20600.00**	**75.00**
1586.00	736.00	850.00		1400.00		19500.00	75.00
1312.00	800.00		512.00	4268.00		1100.00	
2629.00	2629.00				15000.00		
2407.00	2144.00		263.00		21000.00		
104795.00	**7977.00**		**96818.00**		**108400.00**	**112298.00**	**6200.00**
14714.00	1281.00		13433.00		38600.00	50000.00	
24164.00	1420.00		22744.00		5000.00		
8277.00	335.00		7942.00		28800.00		
16289.00	289.00		16000.00		5200.00	11570.00	
18694.00	1694.00		17000.00			36678.00	6200.00
8373.00	1173.00		7200.00		7700.00	14050.00	
7087.00	588.00		6499.00		15100.00		
6837.00	837.00		6000.00		8000.00		
360.00	360.00						
219199.00	**134708.00**	**25744.00**	**58747.00**	**109507.00**	**36748.00**	**78613.80**	**146688.00**
59036.00	8136.00		50900.00	16000.00	21000.00	48613.80	
27939.00	2195.00	25744.00		90640.00	500.00		
6995.00	1580.00		5415.00	2867.00	15248.00	10000.00	146688.00
2821.00	389.00		2432.00				
122408.00	122408.00					20000.00	

5-4 2021—2023年水利

行政区	2021年水利建设项目投资计划		
	合计	中央政府投资	地方政府投资
湖北省	**4457505.83**	**1200760.00**	**3256745.83**
武汉市	717289.08	49145.00	668144.08
黄石市	123146.45	29894.00	93252.45
十堰市	279578.67	117156.00	162422.67
宜昌市	614942.30	208269.00	406673.30
襄阳市	455016.00	64632.00	390384.00
鄂州市	83032.00	1221.00	81811.00
荆门市	269254.44	95978.00	173276.44
孝感市	178212.00	56847.00	121365.00
荆州市	213740.80	95674.00	118066.80
黄冈市	619490.12	148640.00	470850.12
咸宁市	143182.34	61140.00	82042.34
随州市	113442.00	25856.00	87586.00
恩施土家族苗族自治州	120769.63	90536.00	30233.63
仙桃市	109060.00	40872.00	68188.00
潜江市	66947.00	11788.00	55159.00
天门市	69943.00	6838.00	63105.00
神农架林区	3503.00	3126.00	377.00
厅直单位	276957.00	93148.00	183809.00

建设项目计划投资

单位：万元

2022年水利建设项目投资计划			2023年水利建设项目投资计划		
合计	中央政府投资	地方政府投资	合计	中央政府投资	地方政府投资
6033636.76	**1144395.00**	**4889241.76**	**6927573.93**	**1092217.00**	**5835356.93**
800277.58	57731.00	742546.58	827821.23	48966.00	778855.23
265750.80	31962.00	233788.80	425612.00	30732.00	394880.00
402297.80	92837.00	309460.80	345990.95	95306.00	250684.95
759416.00	201522.00	557894.00	810006.00	135674.00	674332.00
552282.22	79513.00	472769.22	683556.42	78233.00	605323.42
68150.00	2073.00	66077.00	116452.00	5026.00	111426.00
380889.17	66770.00	314119.17	446532.00	60798.00	385734.00
409139.59	39634.00	369505.59	382837.55	34332.00	348505.55
322727.39	78859.00	243868.39	487741.00	110796.00	376945.00
742806.51	165554.00	577252.51	851969.69	163814.00	688155.69
208559.57	43826.00	164733.57	274995.29	47206.00	227789.29
87443.55	24566.00	62877.55	100878.00	30601.00	70277.00
190736.86	89834.00	100902.86	451021.00	119328.00	331693.00
199493.00	46312.00	153181.00	176452.80	31803.00	144649.80
151156.02	18740.00	132416.02	129199.00	10120.00	119079.00
200630.00	7963.00	192667.00	190063.00	8265.00	181798.00
11302.70	3794.00	7508.70	6991.00	4170.00	2821.00
280578.00	92905.00	187673.00	219455.00	77047.00	142408.00

5－5　2023年水利建设项目

项目类型	本年到位投资	中央政府投资		
		小计	预算内资金	财政资金
合计	**5348255.64**	**909865.00**	**322737.00**	**587128.00**
国家水网骨干工程	**346495.00**	**136227.00**	**136227.00**	
重大骨干防洪减灾工程	244164.00	76327.00	76327.00	
其中：南水北调项目	3000.00	2100.00	2100.00	
重大农业节水供水工程（含大型灌区新建及现代化改造）	99331.00	57800.00	57800.00	
防洪工程体系建设	**1189741.53**	**297892.00**	**183010.00**	**114882.00**
流域面积3000平方千米以上河流治理（主要支流）	184017.00	74785.00	74785.00	
流域面积200～3000平方千米中小河流治理	68886.00	43505.00	4791.00	38714.00
流域面积200平方千米以下河流治理	50778.64	18624.00		18624.00
区域排涝能力建设	460609.02	76544.00	76544.00	
大中型病险水库除险加固	87399.00	26890.00	26890.00	
小型病险水库除险加固	71355.59	41390.00		41390.00
大中型病险水闸除险加固	94539.60			
山洪灾害防治（含农村基层防汛预报预警体系建设）	6598.04	5404.00		5404.00
城市防洪	66211.64			
水毁工程修复和水利救灾	13568.00	10662.00		10662.00
防汛通信设施等其他防洪减灾项目	85779.00	88.00		88.00
农村水利建设	**1608157.78**	**48360.00**		**48360.00**
农村供水保障工程（含城乡供水一体化、农村供水规模化建设及小型工程规范化改造）	1164136.31	572.00		572.00
中小型灌区改造	98230.00	38888.00		38888.00
高效节水灌溉和高标准农田灌排体系建设	160826.00			
灌溉排水泵站更新改造	1721.00			

到位投资（按项目类型分）

单位：万元

地方政府投资				地方一般债券	地方专项债券	银行贷款	社会资本
小计	省级	地市级	县级及以下				
1331435.96	**218924.02**	**248438.88**	**864073.06**	**242854.45**	**475324.42**	**1561041.34**	**827734.47**
92359.00	**83650.00**	**2809.00**	**5900.00**	**400.00**	**2645.00**	**114864.00**	
70350.00	67550.00		2800.00			97487.00	
900.00	900.00						
21109.00	15200.00	2809.00	3100.00	400.00	2645.00	17377.00	
419023.52	**45522.00**	**97238.88**	**276262.64**	**67174.98**	**67666.79**	**315787.24**	**22197.00**
75872.00	20337.00	19726.00	35809.00		8000.00	22514.00	2846.00
20675.00	7258.00		13417.00	606.00		4100.00	
11504.64		4279.00	7225.64	50.00	4600.00	6000.00	10000.00
239282.23	1665.00	73010.23	164607.00	48028.00	40490.79	46913.00	9351.00
18009.00	12410.00		5599.00		2500.00	40000.00	
12574.61	881.00	58.65	11634.96	17390.98			
7102.00			7102.00	900.00	12076.00	74461.60	
1194.04			1194.04				
29413.00			29413.00			36798.64	
2906.00	2665.00	65.00	176.00				
491.00	306.00	100.00	85.00	200.00		85000.00	
436881.31	**21568.00**	**86646.00**	**328667.31**	**46889.47**	**267575.00**	**619774.00**	**188678.00**
263338.31	18900.00	57431.00	187007.31	27700.00	229025.00	464409.00	179092.00
3842.00	2022.00	1200.00	620.00		9500.00	46000.00	
123065.00		10575.00	112490.00		7350.00	30000.00	411.00
546.00	546.00			1000.00			175.00

项　目　类　型	本年到位投资	中央政府投资		
		小计	预算内资金	财政资金
小型农田水利设施建设	58556.00			
农村水系综合整治（含水系连通及水美乡村建设）	96917.47	8900.00		8900.00
农村河塘清淤整治	1243.00			
小型水源工程	26500.00			
其他农村水利建设	28.00			
其他重点水源工程	**256659.00**	**22000.00**		**22000.00**
新建中型水库	20500.00			
新建小型水库	106849.00	22000.00		22000.00
新建大型水库及其他引调水工程（除列入重大水利工程以外的项目）	129310.00			
河湖生态保护治理	**1251328.99**	**11625.00**	**1500.00**	**10125.00**
水土保持工程建设（含以奖代补试点）	30069.76	8925.00		8925.00
河流综合治理与生态修复（除列入重大工程以外的项目）	1116696.13	1500.00	1500.00	
水源地保护治理	104563.10	1200.00		1200.00
数字孪生水利建设	**3414.00**			
水利工程设施维修养护等	**229928.47**	**40759.00**		**40759.00**
农村饮水工程设施维修养护	28065.83	11200.00		11200.00
小型水库工程设施维修养护	41527.00	14268.00		14268.00
山洪灾害防治非工程措施维修养护	2168.00	1468.00		1468.00
其他水利工程设施维修养护	38751.62	50.00		50.00
农业水价综合改革	6731.00	4924.00		4924.00
河湖管护	41201.00	6677.00		6677.00
水资源节约与保护	71484.02	2172.00		2172.00
行业能力建设	**45758.87**	**2000.00**	**2000.00**	
基础设施建设（含水政监察）	36657.87			
水文水资源工程（含水文基础设施）	4101.00	2000.00	2000.00	
前期工作	5000.00			
大中型水库移民后期扶持基金	**272036.00**	**206266.00**		**206266.00**
三峡后续工作专项资金	**144736.00**	**144736.00**		**144736.00**

续表

地方政府投资				地方一般债券	地方专项债券	银行贷款	社会资本
小计	省级	地市级	县级及以下				
32491.00		12740.00	19751.00	16500.00	1700.00	3865.00	4000.00
10828.00		4700.00	6128.00	1689.47	20000.00	50500.00	5000.00
1243.00	100.00		1143.00				
1500.00			1500.00			25000.00	
28.00			28.00				
57959.00	**5000.00**	**849.00**	**52110.00**	**5500.00**	**82700.00**	**35000.00**	**53500.00**
					20500.00		
8649.00	2000.00	549.00	6100.00		28200.00	5000.00	43000.00
49310.00	3000.00	300.00	46010.00	5500.00	34000.00	30000.00	10500.00
235019.66	**2580.00**	**56661.00**	**175778.66**	**119259.00**	**54671.76**	**407616.10**	**423137.47**
19944.76	1180.00	9236.00	9528.76				1200.00
195942.90		41854.00	154088.90	93259.00	49665.76	394019.10	382309.37
19132.00	1400.00	5571.00	12161.00	26000.00	5006.00	13597.00	39628.10
1183.00		**580.00**	**603.00**	**2231.00**			
69439.47	**52203.02**	**1590.00**	**15646.45**	**1400.00**		**68000.00**	**50330.00**
11565.83	2449.00	1543.00	7573.83	1400.00			3900.00
5259.00	2480.00		2779.00			22000.00	
700.00	630.00		70.00				
22271.62	17620.00		4651.62				16430.00
1807.00	1670.00	47.00	90.00				
9524.00	9042.00		482.00			25000.00	
18312.02	18312.02					21000.00	30000.00
8801.00	**8401.00**	**400.00**			**65.87**		**34892.00**
1700.00	1300.00	400.00			65.87		34892.00
2101.00	2101.00						
5000.00	5000.00						
10770.00		**1665.00**	**9105.00**				**55000.00**

5-6 2023年水利建设项目

行政区	本年到位投资	中央政府投资		
		小计	预算内资金	财政资金
湖北省	**5348255.64**	**909865.00**	**322737.00**	**587128.00**
武汉市	**125083.18**	**5104.00**	**3528.00**	**1576.00**
汉阳区	18001.42			
东西湖区	68215.00	150.00		150.00
汉南区	18583.00	190.00		190.00
蔡甸区	1433.00	137.00		137.00
江夏区	17896.76	4318.00	3528.00	790.00
黄陂区	89.00			
新洲区	865.00	309.00		309.00
黄石市	**282851.00**	**30527.00**	**14291.00**	**16236.00**
市辖区	97945.00	3717.00		3717.00
黄石港区	237.00	237.00		237.00
西塞山区	123.00	123.00		123.00
下陆区	303.00	303.00		303.00
铁山区	2356.00	56.00		56.00
阳新县	168164.00	20565.00	12374.00	8191.00
大冶市	13723.00	5526.00	1917.00	3609.00
十堰市	**277113.95**	**61365.00**	**3970.00**	**57395.00**
市辖区	49075.00	4413.00		4413.00
茅箭区	4221.00	78.00		78.00
张湾区	5444.74	2554.00		2554.00
郧阳区	12870.00	3970.00	3970.00	
郧西县	41603.00	6521.00		6521.00
竹山县	28845.21	6871.00		6871.00
竹溪县	1.00	1.00		1.00
房县	78149.00	5802.00		5802.00
丹江口市	56905.00	31155.00		31155.00
宜昌市	**810006.00**	**135674.00**	**9247.00**	**126427.00**
市辖区	190555.00	4331.00		4331.00
西陵区	30168.00	270.00		270.00

到位投资（按地区分）

单位：万元

地方政府投资				地方一般债券	地方专项债券	银行贷款	社会资本
小计	省级	地市级	县级及以下				
1331435.96	**218924.02**	**248438.88**	**864073.06**	**242854.45**	**475324.42**	**1561041.34**	**827734.47**
27809.76	**1248.00**	**11690.00**	**14871.76**	**3603.00**	**14701.42**	**61865.00**	**12000.00**
9500.00		9500.00			8501.42		
					6200.00	61865.00	
3990.00		1990.00	2000.00	2403.00			12000.00
296.00	296.00			1000.00			
13378.76	307.00	200.00	12871.76	200.00			
89.00	89.00						
556.00	556.00						
10397.00	**3797.00**		**6600.00**		**900.00**	**241027.00**	
2228.00	2228.00					92000.00	
300.00	300.00					2000.00	
572.00	572.00					147027.00	
7297.00	697.00		6600.00		900.00		
46317.95	**5801.00**	**549.00**	**39967.95**	**3731.00**	**83300.00**	**82400.00**	
1162.00	613.00	549.00		1500.00		42000.00	
543.00	543.00				3600.00		
890.74	196.00		694.74		2000.00		
900.00	900.00				8000.00		
15482.00	482.00		15000.00			19600.00	
1974.21	701.00		1273.21		20000.00		
23647.00	647.00		23000.00		38700.00	10000.00	
1719.00	1719.00			2231.00	11000.00	10800.00	
49027.00	**14037.00**	**4712.00**	**30278.00**	**6266.00**	**28500.00**	**297550.00**	**292989.00**
17978.00	2978.00		15000.00	5000.00	20000.00		143246.00
6.00	6.00						29892.00

行　政　区	本年到位投资	中央政府投资		
		小计	预算内资金	财政资金
伍家岗区	4923.00	205.00		205.00
点军区	13149.00	239.00		239.00
猇亭区	187.00	179.00		179.00
夷陵区	43936.00	17179.00		17179.00
远安县	53692.00	1026.00		1026.00
兴山县	41444.00	24649.00		24649.00
秭归县	107303.00	57108.00		57108.00
长阳土家族自治县	6914.00	5185.00	600.00	4585.00
五峰土家族自治县	10945.00	2180.00		2180.00
宜都市	170819.00	6312.00	3108.00	3204.00
当阳市	18400.00	14428.00	5539.00	8889.00
枝江市	117571.00	2383.00		2383.00
襄阳市	**627467.42**	**75082.00**	**22782.00**	**52300.00**
市辖区	135759.00	10164.00	8530.00	1634.00
襄城区	37228.64	430.00		430.00
樊城区	3585.00	415.00		415.00
襄州区	69452.00	15512.00	7500.00	8012.00
南漳县	8645.00	6723.00		6723.00
谷城县	31907.00	4483.00	1500.00	2983.00
保康县	21054.00	1773.00		1773.00
老河口市	263440.70	4280.00		4280.00
枣阳市	26737.00	16913.00	5252.00	11661.00
宜城市	29659.08	14389.00		14389.00
鄂州市	**94405.00**	**2910.00**		**2910.00**
市辖区	73636.00	967.00		967.00
梁子湖区	17353.00	1353.00		1353.00
华容区	2833.00	7.00		7.00
鄂城区	583.00	583.00		583.00
荆门市	**387212.00**	**54498.00**	**16556.00**	**37942.00**
市辖区	72381.00	11211.00		11211.00
东宝区	14033.00	1685.00		1685.00
屈家岭管理区	606.00	256.00		256.00

续表

地方政府投资				地方一般债券	地方专项债券	银行贷款	社会资本
小计	省级	地市级	县级及以下				
4718.00	6.00	4712.00					
12910.00	910.00		12000.00				
8.00	8.00						
1757.00	1707.00		50.00			25000.00	
1666.00	1666.00				6000.00	45000.00	
795.00	795.00						16000.00
479.00	479.00			266.00		31450.00	18000.00
1729.00	1129.00		600.00				
565.00	565.00					8200.00	
1256.00	756.00		500.00		2500.00	74900.00	85851.00
3972.00	1844.00		2128.00				
1188.00	1188.00			1000.00		113000.00	
57655.10	**12168.02**	**24203.00**	**21284.08**	**56003.98**	**51270.00**	**386456.34**	**1000.00**
22354.02	5651.02	16703.00		19540.98		83700.00	
						36798.64	
					3170.00		
17196.00	1000.00	7500.00	8696.00	4744.00	32000.00		
1922.00	197.00		1725.00				
2808.00	2808.00			5619.00	4400.00	13597.00	1000.00
281.00	281.00			15000.00	4000.00		
500.00	500.00			600.00	5700.00	252360.70	
5824.00	1129.00		4695.00	2000.00	2000.00		
6770.08	602.00		6168.08	8500.00			
49209.00	**333.00**	**46050.00**	**2826.00**		**30605.00**	**1181.00**	**10500.00**
42383.00	333.00	42050.00			18605.00	1181.00	10500.00
4000.00		4000.00			12000.00		
2826.00			2826.00				
84814.00	**21095.00**	**2778.00**	**60941.00**	**49700.00**	**10000.00**	**182200.00**	**6000.00**
3170.00	392.00	2778.00		20000.00		38000.00	
348.00	338.00		10.00			12000.00	
350.00	100.00		250.00				

行 政 区	本年到位投资	中央政府投资		
		小计	预算内资金	财政资金
掇刀区	11208.00	1178.00		1178.00
京山市	33277.00	7127.00	3037.00	4090.00
沙洋县	102076.00	7304.00	664.00	6640.00
钟祥市	153631.00	25737.00	12855.00	12882.00
孝感市	**320748.39**	**32750.00**	**17490.00**	**15260.00**
市辖区	61611.60	8039.00	7790.00	249.00
孝南区	18885.88	738.00		738.00
孝昌县	7872.00	3487.00		3487.00
大悟县	29635.00	4554.00		4554.00
云梦县	878.00	447.00		447.00
应城市	68204.00	1811.00	1070.00	741.00
安陆市	64528.44	3527.00		3527.00
汉川市	69133.47	10147.00	8630.00	1517.00
荆州市	**198880.00**	**39592.00**	**26371.00**	**13221.00**
沙市区	74.00	73.00		73.00
荆州区	17603.00	5869.00	3721.00	2148.00
监利市	3.00	1.00		1.00
江陵县	19043.00	7327.00	3380.00	3947.00
石首市	47623.00	9636.00	3075.00	6561.00
洪湖市	114433.00	16585.00	16195.00	390.00
松滋市	101.00	101.00		101.00
黄冈市	**816600.69**	**163814.00**	**67405.00**	**96409.00**
市辖区	65170.00	20691.00	14684.00	6007.00
黄州区	7801.00	313.00		313.00
团风县	107104.00	12417.00	3325.00	9092.00
红安县	89641.00	9298.00		9298.00
罗田县	90392.00	9553.00		9553.00
英山县	58526.00	11032.00		11032.00
浠水县	100716.00	11261.00	4187.00	7074.00
蕲春县	53782.00	35873.00	20000.00	15873.00
黄梅县	93012.04	18794.00	13477.00	5317.00
麻城市	60453.65	16783.00	3277.00	13506.00

续表

地方政府投资				地方一般债券	地方专项债券	银行贷款	社会资本
小计	省级	地市级	县级及以下				
30.00			30.00		10000.00		
21150.00	6422.00		14728.00	5000.00			
8872.00	1185.00		7687.00	5700.00		79200.00	1000.00
50894.00	12658.00		38236.00	19000.00		53000.00	5000.00
88737.45	**12306.00**	**4868.23**	**71563.22**	**12960.47**	**37400.00**	**13600.00**	**135300.47**
13000.23	1241.00	4868.23	6891.00	10000.00			30572.37
14597.88	450.00		14147.88	350.00	3200.00		
585.00	455.00		130.00		2900.00	900.00	
1781.00	381.00		1400.00	600.00	10000.00	12700.00	
431.00	431.00						
6511.00	478.00		6033.00	582.00	9300.00		50000.00
10373.34	1478.00		8895.34		12000.00		38628.10
41458.00	7392.00		34066.00	1428.47			16100.00
154288.00	**5297.00**	**20000.00**	**128991.00**		**5000.00**		
1.00	1.00						
11734.00	467.00		11267.00				
2.00	2.00						
6716.00	1931.00		4785.00		5000.00		
37987.00	662.00		37325.00				
97848.00	2234.00	20000.00	75614.00				
414124.69	**18021.00**	**97258.65**	**298845.04**	**15080.00**	**13000.00**	**20000.00**	**190582.00**
44479.00	1265.00	43214.00					
7488.00	394.00		7094.00				
54687.00	1641.00		53046.00			20000.00	20000.00
44511.00	510.00	38876.00	5125.00	4080.00	6000.00		25752.00
45839.00	439.00		45400.00				35000.00
37494.00	351.00	1065.00	36078.00	10000.00			
24955.00	682.00	4484.00	19789.00	1000.00	2000.00		61500.00
11479.00	6894.00		4585.00				6430.00
36218.04	2330.00	3825.00	30063.04				38000.00
34770.65	2192.00	5794.65	26784.00		5000.00		3900.00

行　政　区	本年到位投资	中央政府投资		
		小计	预算内资金	财政资金
武穴市	83436.00	13049.00	3840.00	9209.00
白莲河示范区	5252.00	4176.00	4115.00	61.00
龙感湖管理区	1315.00	574.00	500.00	74.00
咸宁市	**212745.01**	**47766.00**	**15582.00**	**32184.00**
市辖区	254.00	26.00		26.00
咸安区	23873.00	4534.00	1312.00	3222.00
嘉鱼县	38042.39	4483.00	2775.00	1708.00
通城县	35654.00	4137.00	940.00	3197.00
崇阳县	39584.00	7258.00	3105.00	4153.00
通山县	17302.00	13822.00	1510.00	12312.00
赤壁市	58035.62	13506.00	5940.00	7566.00
随州市	**100878.00**	**30601.00**	**8750.00**	**21851.00**
市辖区	31711.00	9150.00	8750.00	400.00
曾都区	9721.00	3041.00		3041.00
随县	26571.00	8942.00		8942.00
广水市	32875.00	9468.00		9468.00
恩施土家族苗族自治州	**451021.00**	**119328.00**	**55500.00**	**63828.00**
恩施市	156702.00	53388.00	50000.00	3388.00
利川市	37055.00	7891.00	5500.00	2391.00
建始县	41136.00	4059.00		4059.00
巴东县	66326.00	33267.00		33267.00
宣恩县	65839.00	4267.00		4267.00
咸丰县	34638.00	4515.00		4515.00
来凤县	26117.00	3930.00		3930.00
鹤峰县	22634.00	7797.00		7797.00
州直	574.00	214.00		214.00
省直管	**643244.00**	**110854.00**	**61265.00**	**49589.00**
仙桃市	156703.00	31803.00	26236.00	5567.00
潜江市	109034.00	10120.00	8030.00	2090.00
天门市	190063.00	8265.00	4495.00	3770.00
神农架林区	2432.00			
厅直单位	185012.00	60666.00	22504.00	38162.00

续表

地方政府投资				地方一般债券	地方专项债券	银行贷款	社会资本
小计	省级	地市级	县级及以下				
70387.00	363.00		70024.00				
1076.00	960.00		116.00				
741.00			741.00				
51579.01	**10278.00**	**9736.00**	**31565.01**	**500.00**	**19500.00**	**67000.00**	**26400.00**
228.00	228.00						
6939.00	4831.00		2108.00		2000.00	6000.00	4400.00
10559.39	637.00		9922.39		8000.00	15000.00	
17.00	17.00				1500.00	30000.00	
15826.00	602.00	9736.00	5488.00	500.00		16000.00	
3480.00	500.00		2980.00				
14529.62	3463.00		11066.62		8000.00		22000.00
7934.00	**6309.00**	**850.00**	**775.00**	**5668.00**	**36000.00**	**20600.00**	**75.00**
1586.00	736.00	850.00		1400.00		19500.00	75.00
1312.00	800.00		512.00	4268.00		1100.00	
2629.00	2629.00				15000.00		
2407.00	2144.00		263.00		21000.00		
104795.00	**7977.00**		**96818.00**		**108400.00**	**112298.00**	**6200.00**
14714.00	1281.00		13433.00		38600.00	50000.00	
24164.00	1420.00		22744.00		5000.00		
8277.00	335.00		7942.00		28800.00		
16289.00	289.00		16000.00		5200.00	11570.00	
18694.00	1694.00		17000.00			36678.00	6200.00
8373.00	1173.00		7200.00		7700.00	14050.00	
7087.00	588.00		6499.00		15100.00		
6837.00	837.00		6000.00		8000.00		
360.00	360.00						
184748.00	**100257.00**	**25744.00**	**58747.00**	**89342.00**	**36748.00**	**74864.00**	**146688.00**
59036.00	8136.00		50900.00	16000.00	21000.00	28864.00	
27939.00	2195.00	25744.00		70475.00	500.00		
6995.00	1580.00		5415.00	2867.00	15248.00	10000.00	146688.00
2432.00			2432.00				
88346.00	88346.00					36000.00	

5－7　2021—2023年水利

行　政　区	2021年水利建设项目投资到位		
	合计	中央政府投资	地方政府投资
湖北省	**4369851.87**	**1185707.82**	**3184144.05**
武汉市	698896.73	49441.99	649454.74
黄石市	122667.45	29415.00	93252.45
十堰市	230078.67	117156.00	112922.67
宜昌市	642333.13	207398.83	434934.30
襄阳市	449015.00	64632.00	384383.00
鄂州市	83032.00	1221.00	81811.00
荆门市	257181.00	95978.00	161203.00
孝感市	178212.00	56847.00	121365.00
荆州市	213740.80	95674.00	118066.80
黄冈市	601257.12	148640.00	452617.12
咸宁市	143793.34	61140.00	82653.34
随州市	110442.00	25856.00	84586.00
恩施土家族苗族自治州	120769.63	90536.00	30233.63
仙桃市	109060.00	40872.00	68188.00
潜江市	66947.00	11788.00	55159.00
天门市	69943.00	6838.00	63105.00
神农架林区	3503.00	3126.00	377.00
厅直单位	268980.00	79148.00	189832.00

建设项目到位投资

单位：万元

2022年水利建设项目投资到位			2023年水利建设项目投资到位		
合计	中央政府投资	地方政府投资	合计	中央政府投资	地方政府投资
6005012.42	**1149715.00**	**4855297.42**	**5348255.64**	**909865.00**	**4438390.64**
801531.19	57731.00	743800.19	125083.18	5104.00	119979.18
265750.80	31962.00	233788.80	282851.00	30527.00	252324.00
396931.60	92837.00	304094.60	277113.95	61365.00	215748.95
759416.00	201522.00	557894.00	810006.00	135674.00	674332.00
552282.22	79513.00	472769.22	627467.42	75082.00	552385.42
63116.00	2073.00	61043.00	94405.00	2910.00	91495.00
378328.42	66770.00	311558.42	387212.00	54498.00	332714.00
401939.59	37984.00	363955.59	320748.39	32750.00	287998.39
322727.39	78859.00	243868.39	198880.00	39592.00	159288.00
742806.51	165554.00	577252.51	816600.69	163814.00	652786.69
208559.57	43826.00	164733.57	212745.01	47766.00	164979.01
87443.55	24566.00	62877.55	100878.00	30601.00	70277.00
190736.86	89834.00	100902.86	451021.00	119328.00	331693.00
199493.00	46312.00	153181.00	156703.00	31803.00	124900.00
151156.02	18740.00	132416.02	109034.00	10120.00	98914.00
201195.00	7963.00	193232.00	190063.00	8265.00	181798.00
11302.70	3794.00	7508.70	2432.00	0.00	2432.00
270296.00	99875.00	170421.00	185012.00	60666.00	124346.00

5－8　2023年水利建设项目

项 目 类 型	本年完成投资	中央政府投资		
		小计	预算内资金	财政资金
合计	**6646894.22**	**1784929.49**	**1087715.95**	**697213.54**
国家水网骨干工程	**320873.00**	**191977.00**	**191977.00**	
重大骨干防洪减灾工程	206324.00	125277.00	125277.00	
重大水资源配置工程	213.00			
其中：南水北调项目	3000.00	2100.00	2100.00	
重大农业节水供水工程（含大型灌区新建及现代化改造）	111336.00	64600.00	64600.00	
防洪工程体系建设	**1580384.22**	**553945.11**	**429275.91**	**124669.20**
流域面积3000平方千米以上河流治理（主要支流）	257611.00	102745.00	102745.00	
流域面积200～3000平方千米中小河流治理	72075.00	48799.00	6066.00	42733.00
流域面积200平方千米以下河流治理	81710.92	21976.00	1400.00	20576.00
区域排涝能力建设	718731.96	284078.00	284078.00	
大中型病险水库除险加固	96926.00	32781.00	32781.00	
小型病险水库除险加固	79184.03	43646.42	783.22	42863.20
大中型病险水闸除险加固	97356.60			
山洪灾害防治（含农村基层防汛预报预警体系建设）	8223.35	6562.16	687.16	5875.00
城市防洪	63211.64			
水毁工程修复和水利救灾	18081.53	13269.53	735.53	12534.00
防汛通信设施等其他防洪减灾项目	87272.19	88.00		88.00
农村水利建设	**1963468.79**	**92445.49**	**34099.04**	**58346.45**
农村供水保障工程（含城乡供水一体化、农村供水规模化建设及小型工程规范化改造）	1380134.64	3311.00	2811.00	500.00
中小型灌区改造	86905.55	39596.45		39596.45
高效节水灌溉和高标准农田灌排体系建设	302642.00			
灌溉排水泵站更新改造	38207.25	28069.04	28069.04	

完成投资（按项目类型分）

单位：万元

地方政府投资				地方一般债券	地方专项债券	银行贷款	社会资本
小计	省级	地市级	县级及以下				
1623033.11	**208958.00**	**276337.88**	**1137737.23**	**272969.39**	**596839.54**	**1477919.28**	**891203.41**
47243.00	**37184.00**	**4159.00**	**5900.00**	**613.00**	**2645.00**	**68488.00**	**9907.00**
20060.00	17260.00		2800.00			60987.00	
				213.00			
900.00	900.00						
26283.00	19024.00	4159.00	3100.00	400.00	2645.00	7501.00	9907.00
497250.95	**68667.64**	**115786.88**	**312796.43**	**71050.65**	**86116.27**	**330431.24**	**41590.00**
101097.00	40746.00	19076.00	41275.00	882.00	8000.00	38528.00	6359.00
17205.00	6606.00		10599.00	1971.00		4100.00	
18928.64		8700.00	10228.64	1380.28	4600.00	7086.00	27740.00
282853.69	1787.64	84987.23	196078.82	45578.00	57198.27	42482.00	6542.00
20796.00	14770.00		6026.00		2500.00	40000.00	849.00
15365.39	881.00	2256.65	12227.74	20072.22			100.00
7102.00		602.00	6500.00	500.00	13818.00	75936.60	
1194.04			1194.04	467.15			
26413.00			26413.00			36798.64	
4812.00	3571.00	65.00	1176.00				
1484.19	306.00	100.00	1078.19	200.00		85500.00	
614233.39	**23985.00**	**86446.00**	**503802.39**	**64973.68**	**371338.27**	**588191.96**	**232286.00**
295500.41	20650.00	57431.00	217419.41	40217.00	332288.27	486098.96	222719.00
5859.10	2022.00	1000.00	2837.10	240.00	13000.00	28210.00	
256585.00		10575.00	246010.00		7350.00	38296.00	411.00
3246.00	546.00		2700.00	6447.21			445.00

项 目 类 型	本年完成投资	中央政府投资		
		小计	预算内资金	财政资金
小型农田水利设施建设	62021.00	3219.00	3219.00	
农村水系综合整治（含水系连通及水美乡村建设）	85287.35	18250.00		18250.00
农村河塘清淤整治	1243.00			
小型水源工程	7000.00			
其他农村水利建设	28.00			
其他重点水源工程	**251709.00**	**22000.00**		**22000.00**
新建中型水库	20500.00			
新建小型水库	100349.00	22000.00		22000.00
新建大型水库及其他引调水工程（除列入重大水利工程以外的项目）	130860.00			
河湖生态保护治理	**1699172.21**	**357306.00**	**335293.00**	**22013.00**
水土保持工程建设(含有以奖代补试点)	45577.76	10175.00		10175.00
河流综合治理与生态修复（除列入重大工程以外的项目）	1539662.35	345931.00	335293.00	10638.00
水源地保护治理	113932.10	1200.00		1200.00
数字孪生水利建设	**3414.00**			
水利工程设施维修养护等	**303561.63**	**140003.82**	**95061.00**	**44942.82**
农村饮水工程设施维修养护	121620.83	101524.00	88742.00	12782.00
小型水库工程设施维修养护	43201.00	15781.00		15781.00
山洪灾害防治非工程措施维修养护	2367.00	1649.00	10.00	1639.00
其他水利工程设施维修养护	42843.44	1017.82	968.00	49.82
农业水价综合改革	7815.79	5694.00		5694.00
河湖管护	34159.00	7517.00	840.00	6677.00
水资源节约与保护	51554.57	6821.00	4501.00	2320.00
行业能力建设	**26397.30**	**2000.00**	**2000.00**	
基础设施建设（含水政监察）	16128.00			
水文水资源工程（含水文基础设施）	5269.30	2000.00	2000.00	
前期工作	5000.00			
大中型水库移民后期扶持基金	**293275.69**	**228216.69**	**10.00**	**228206.69**
三峡后续工作专项资金	**204638.38**	**197035.38**		**197035.38**

续表

地方政府投资				地方一般债券	地方专项债券	银行贷款	社会资本
小计	省级	地市级	县级及以下				
33205.00	667.00	12740.00	19798.00	16380.00	1700.00	3517.00	4000.00
11566.88		4700.00	6866.88	1689.47	17000.00	32070.00	4711.00
1243.00	100.00		1143.00				
7000.00			7000.00				
28.00			28.00				
61959.00	**5000.00**	**849.00**	**56110.00**	**5000.00**	**77000.00**	**37250.00**	**48500.00**
					20500.00		
12649.00	2000.00	549.00	10100.00		27700.00		38000.00
49310.00	3000.00	300.00	46010.00	5000.00	28800.00	37250.00	10500.00
292918.66	**2500.00**	**64712.00**	**225706.66**	**127701.06**	**59740.00**	**405258.08**	**456248.41**
34202.76	800.00	20934.00	12468.76				1200.00
240308.90		38207.00	202101.90	101701.06	53740.00	382561.08	415420.31
18407.00	1700.00	5571.00	11136.00	26000.00	6000.00	22697.00	39628.10
1183.00		**580.00**	**603.00**	**2231.00**			
80413.81	**59617.36**	**1740.00**	**19056.45**	**1400.00**		**48300.00**	**33444.00**
14796.83	2615.00	1543.00	10638.83	1400.00			3900.00
5420.00	2641.00		2779.00			22000.00	
718.00	640.00		78.00				
24181.62	19130.00		5051.62				17644.00
2121.79	1984.79	47.00	90.00				
10342.00	9923.00		419.00			16300.00	
22833.57	22683.57	150.00				10000.00	11900.00
10169.30	**9364.00**	**400.00**	**405.30**				**14228.00**
1900.00	1500.00	400.00					14228.00
3269.30	2864.00		405.30				
5000.00	5000.00						
10059.00		**1665.00**	**8394.00**				**55000.00**
7603.00	**2640.00**		**4963.00**				

5-9 2023年水利建设项目

行政区	本年完成投资	中央政府投资		
		小计	预算内资金	财政资金
湖北省	**6646894.22**	**1784929.49**	**1087715.95**	**697213.54**
武汉市	**792607.05**	**668188.57**	**662455.57**	**5733.00**
市辖区	590247.04	590247.04	589561.04	686.00
汉阳区	16250.27			
东西湖区	80177.00	61929.00	61928.00	1.00
汉南区	27914.53	131.53	130.53	1.00
蔡甸区	10728.00	2973.00	2560.00	413.00
江夏区	58898.21	4605.00	3584.00	1021.00
黄陂区	8027.00	7938.00	4692.00	3246.00
新洲区	346.00	346.00		346.00
东湖新技术开发区	19.00	19.00		19.00
黄石市	**360612.00**	**31138.00**	**14902.00**	**16236.00**
市辖区	97945.00	3717.00		3717.00
黄石港区	237.00	237.00		237.00
西塞山区	123.00	123.00		123.00
下陆区	453.00	303.00		303.00
铁山区	2356.00	56.00		56.00
阳新县	111469.00	20870.00	12679.00	8191.00
大冶市	148029.00	5832.00	2223.00	3609.00
十堰市	**345990.95**	**95756.00**	**3970.00**	**91786.00**
市辖区	49125.00	4463.00		4463.00
茅箭区	4487.00	178.00		178.00
张湾区	5444.74	2554.00		2554.00
郧阳区	48037.00	23739.00	3970.00	19769.00
郧西县	41603.00	6521.00		6521.00
竹山县	28845.21	6871.00		6871.00
竹溪县	30773.00	12651.00		12651.00
房县	80771.00	7624.00		7624.00
丹江口市	56905.00	31155.00		31155.00
宜昌市	**757401.79**	**163415.60**	**12056.00**	**151359.60**
市辖区	148311.94	10445.00		10445.00

完成投资（按地区分）

单位：万元

地方政府投资				地方政府一般债券	地方政府专项债券	银行贷款	社会资本
小计	省级	地市级	县级及以下				
1623033.11	**208958.00**	**276337.88**	**1137737.23**	**272969.39**	**596839.54**	**1477919.28**	**891203.41**
68006.94	**988.00**	**9543.00**	**57475.94**	**12311.27**	**26405.27**	**6548.00**	**11147.00**
7145.00		7145.00			9105.27		
					11700.00	6548.00	
12536.00			12536.00		4100.00		11147.00
296.00	296.00			5959.00	1500.00		
47940.94	603.00	2398.00	44939.94	6352.27			
89.00	89.00						
144547.00	**5947.00**		**138600.00**		**900.00**	**184027.00**	
2228.00	2228.00					92000.00	
150.00	150.00						
300.00	300.00					2000.00	
572.00	572.00					90027.00	
141297.00	2697.00		138600.00		900.00		
58067.95	**12782.00**	**549.00**	**44736.95**	**3731.00**	**86800.00**	**101636.00**	
1162.00	613.00	549.00		1500.00		42000.00	
709.00	709.00				3600.00		
890.74	196.00		694.74		2000.00		
10212.00	6243.00		3969.00		11500.00	2586.00	
15482.00	482.00		15000.00			19600.00	
1974.21	701.00		1273.21		20000.00		
1472.00	1472.00					16650.00	
24447.00	647.00		23800.00		38700.00	10000.00	
1719.00	1719.00			2231.00	11000.00	10800.00	
55274.10	**16825.00**		**38449.10**	**9623.15**	**32000.00**	**196011.00**	**301077.94**
14859.00	7138.00		7721.00	4190.00	20000.00		98817.94

行政区	本年完成投资	中央政府投资		
		小计	预算内资金	财政资金
西陵区	11165.00	270.00		270.00
伍家岗区	10873.00	10843.00		10843.00
点军区	13484.00	965.00		965.00
猇亭区	2178.00	179.00		179.00
夷陵区	51347.00	18133.00		18133.00
远安县	36204.70	1318.60		1318.60
兴山县	49094.00	25693.00		25693.00
秭归县	73137.00	58579.00		58579.00
长阳土家族自治县	7621.00	5185.00	600.00	4585.00
五峰土家族自治县	28342.00	2500.00		2500.00
宜都市	205004.00	9238.00	5917.00	3321.00
当阳市	58099.00	13491.00	5539.00	7952.00
枝江市	62541.15	6576.00		6576.00
襄阳市	**693642.32**	**80952.38**	**26827.38**	**54125.00**
市辖区	138128.79	10164.00	8530.00	1634.00
襄城区	37272.64	430.00		430.00
樊城区	3585.00	415.00		415.00
襄州区	97248.73	15512.00	7500.00	8012.00
南漳县	21120.16	9781.16	1962.16	7819.00
谷城县	35801.00	5212.00	1500.00	3712.00
保康县	37054.00	1773.00		1773.00
老河口市	263440.70	4280.00		4280.00
枣阳市	30332.22	18996.22	7335.22	11661.00
宜城市	29659.08	14389.00		14389.00
鄂州市	**94570.00**	**3011.00**	**101.00**	**2910.00**
市辖区	73635.00	967.00		967.00
梁子湖区	17353.00	1353.00		1353.00
华容区	2934.00	108.00	101.00	7.00
鄂城区	648.00	583.00		583.00
荆门市	**448724.98**	**73375.00**	**35454.00**	**37921.00**
市辖区	71331.00	11211.00		11211.00
东宝区	14033.00	1685.00		1685.00
屈家岭管理区	586.00	236.00		236.00

续表

地方政府投资				地方政府一般债券	地方政府专项债券	银行贷款	社会资本
小计	省级	地市级	县级及以下				
6.00	6.00						10889.00
30.00	6.00		24.00				
12519.00	910.00		11609.00				
1999.00	8.00		1991.00				
1728.00	1678.00		50.00			30606.00	880.00
3618.10	1401.00		2217.10		3000.00	28268.00	
7270.00	1218.00		6052.00				16131.00
1968.00	438.00		1530.00	266.00			12324.00
1706.00	1106.00		600.00	700.00			30.00
196.00	196.00					7143.00	18503.00
3563.00	636.00		2927.00		3000.00	45700.00	143503.00
3024.00	896.00		2128.00			41584.00	
2788.00	1188.00		1600.00	4467.15	6000.00	42710.00	
63794.38	**13062.57**	**26203.00**	**24528.81**	**57969.22**	**74370.00**	**415556.34**	**1000.00**
24354.57	5651.57	18703.00		19910.22		83700.00	
44.00			44.00			36798.64	
					3170.00		
17396.73	1000.00	7500.00	8896.73	6340.00	38000.00	20000.00	
2239.00	514.00		1725.00			9100.00	
3073.00	3073.00			5619.00	7300.00	13597.00	1000.00
3281.00	281.00		3000.00	15000.00	17000.00		
500.00	500.00			600.00	5700.00	252360.70	
6136.00	1441.00		4695.00	2000.00	3200.00		
6770.08	602.00		6168.08	8500.00			
49274.00	**333.00**	**46050.00**	**2891.00**		**30604.00**	**1181.00**	**10500.00**
42383.00	333.00	42050.00			18604.00	1181.00	10500.00
4000.00		4000.00			12000.00		
2826.00			2826.00				
65.00			65.00				
85395.00	**12745.00**	**3078.00**	**69572.00**	**57650.00**	**12000.00**	**214204.98**	**6100.00**
2120.00	392.00	1728.00		20000.00		38000.00	
348.00	338.00		10.00			12000.00	
350.00	100.00		250.00				

行 政 区	本年完成投资	中央政府投资		
		小计	预算内资金	财政资金
掇刀区	20207.00	7477.00	6300.00	1177.00
京山市	82398.00	7197.00	3107.00	4090.00
沙洋县	111962.00	7304.00	664.00	6640.00
钟祥市	148207.98	38265.00	25383.00	12882.00
孝感市	**376784.82**	**45309.00**	**30049.00**	**15260.00**
市辖区	61611.60	8039.00	7790.00	249.00
孝南区	18885.88	738.00		738.00
孝昌县	29872.00	3487.00		3487.00
大悟县	29635.00	4554.00		4554.00
云梦县	9561.16	447.00		447.00
应城市	85210.00	14370.00	13629.00	741.00
安陆市	72310.71	3527.00		3527.00
汉川市	69698.47	10147.00	8630.00	1517.00
荆州市	**465475.00**	**117100.00**	**54407.00**	**62693.00**
市辖区	62398.00	47991.00	7983.00	40008.00
沙市区	74.00	73.00		73.00
荆州区	17603.00	5869.00	3721.00	2148.00
公安县	59106.00	4422.00	1806.00	2616.00
监利市	129320.00	21578.00	17407.00	4171.00
江陵县	19123.00	7327.00	3380.00	3947.00
石首市	47623.00	9636.00	3075.00	6561.00
洪湖市	114410.00	16585.00	16195.00	390.00
松滋市	15818.00	3619.00	840.00	2779.00
黄冈市	**851970.69**	**158882.00**	**68058.00**	**90824.00**
市辖区	97430.00	20691.00	14684.00	6007.00
黄州区	10791.00	313.00		313.00
团风县	104184.00	10806.00	3978.00	6828.00
红安县	86024.00	9298.00		9298.00
罗田县	77192.00	9553.00		9553.00
英山县	58451.00	10957.00		10957.00
浠水县	102051.00	11261.00	4187.00	7074.00
蕲春县	51018.00	32627.00	20000.00	12627.00
黄梅县	93012.04	18794.00	13477.00	5317.00

续表

地方政府投资				地方政府一般债券	地方政府专项债券	银行贷款	社会资本
小计	省级	地市级	县级及以下				
2730.00	1350.00	1350.00	30.00		10000.00		
28101.00	3322.00		24779.00	5000.00	2000.00	40000.00	100.00
9772.00	2185.00		7587.00	13650.00		80236.00	1000.00
41974.00	5058.00		36916.00	19000.00		43968.98	5000.00
102547.33	**12306.00**	**4868.23**	**85373.10**	**18493.75**	**39534.27**	**35600.00**	**135300.47**
13000.23	1241.00	4868.23	6891.00	10000.00			30572.37
14597.88	450.00		14147.88	350.00	3200.00		
585.00	455.00		130.00		2900.00	22900.00	
1781.00	381.00		1400.00	600.00	10000.00	12700.00	
4145.88	431.00		3714.88	4968.28			
10958.00	478.00		10480.00	582.00	9300.00		50000.00
16021.34	1478.00		14543.34		14134.27		38628.10
41458.00	7392.00		34066.00	1993.47			16100.00
202575.00	**11226.00**	**31967.00**	**159382.00**		**105800.00**		**40000.00**
14407.00	2440.00	11967.00					
1.00	1.00						
11734.00	467.00		11267.00				
14684.00	668.00		14016.00				40000.00
11742.00	614.00		11128.00		96000.00		
6796.00	2011.00		4785.00		5000.00		
37987.00	662.00		37325.00				
97825.00	2234.00	20000.00	75591.00				
7399.00	2129.00		5270.00		4800.00		
439676.69	**20614.00**	**101280.65**	**317782.04**	**15544.00**	**10000.00**	**20000.00**	**207868.00**
76739.00	1385.00	47236.00	28118.00				
10478.00	394.00		10084.00				
53130.00	4281.00		48849.00	248.00		20000.00	20000.00
44511.00	510.00	38876.00	5125.00	4080.00	3000.00		25135.00
32639.00	439.00		32200.00				35000.00
37494.00	351.00	1065.00	36078.00	10000.00			
24955.00	682.00	4484.00	19789.00	1216.00	2000.00		62619.00
10899.00	6727.00		4172.00				7492.00
36218.04	2330.00	3825.00	30063.04				38000.00

行　政　区	本年完成投资	中央政府投资		
		小计	预算内资金	财政资金
麻城市	78444.65	16783.00	3277.00	13506.00
武穴市	86806.00	13049.00	3840.00	9209.00
白莲河示范区	5252.00	4176.00	4115.00	61.00
龙感湖管理区	1315.00	574.00	500.00	74.00
咸宁市	**260404.59**	**46778.30**	**15022.00**	**31756.30**
市辖区	254.00	26.00		26.00
咸安区	23836.00	4497.00	1312.00	3185.00
嘉鱼县	37394.69	3835.30	2215.00	1620.30
通城县	45234.00	4137.00	940.00	3197.00
崇阳县	42410.28	7172.00	3105.00	4067.00
通山县	52500.00	13605.00	1510.00	12095.00
赤壁市	58775.62	13506.00	5940.00	7566.00
随州市	**97014.75**	**28144.79**	**8750.00**	**19394.79**
市辖区	36678.96	9163.00	8750.00	413.00
曾都区	9571.00	3091.00		3091.00
随县	19441.79	7033.79		7033.79
广水市	31323.00	8857.00		8857.00
恩施土家族苗族自治州	**485212.00**	**119328.00**	**55500.00**	**63828.00**
恩施市	156202.00	53388.00	50000.00	3388.00
利川市	35955.00	7891.00	5500.00	2391.00
建始县	33736.00	4059.00		4059.00
巴东县	63525.00	33267.00		33267.00
宣恩县	43561.00	4267.00		4267.00
咸丰县	65408.00	4515.00		4515.00
来凤县	63617.00	3930.00		3930.00
鹤峰县	22634.00	7797.00		7797.00
州直	574.00	214.00		214.00
省直管	**616483.28**	**153550.85**	**100164.00**	**53386.85**
仙桃市	155134.00	31743.00	26236.00	5507.00
潜江市	129199.00	30285.00	28195.00	2090.00
天门市	191720.00	8265.00	4495.00	3770.00
神农架林区	6991.00	4559.00	2821.00	1738.00
厅直单位	133439.28	78698.85	38417.00	40281.85

续表

地方政府投资				地方政府一般债券	地方政府专项债券	银行贷款	社会资本
小计	省级	地市级	县级及以下				
37039.65	2192.00	5794.65	29053.00		5000.00		19622.00
73757.00	363.00		73394.00				
1076.00	960.00		116.00				
741.00			741.00				
70682.29	**10976.00**	**21434.00**	**38272.29**	**2002.00**	**19500.00**	**95042.00**	**26400.00**
228.00	228.00						
6939.00	4831.00		2108.00		2000.00	6000.00	4400.00
10559.39	637.00		9922.39		8000.00	15000.00	
715.00	715.00			882.00	1500.00	38000.00	
18858.28	602.00	9736.00	8520.28	380.00		16000.00	
18853.00	500.00	11698.00	6655.00			20042.00	
14529.62	3463.00		11066.62	740.00	8000.00		22000.00
17617.00	**16642.00**	**200.00**	**775.00**	**5681.00**	**29400.00**	**16096.96**	**75.00**
11340.00	11140.00	200.00		1400.00		14700.96	75.00
1312.00	800.00		512.00	4068.00		1100.00	
2608.00	2608.00				9800.00		
2357.00	2094.00		263.00	213.00	19600.00	296.00	
110964.00	**6877.00**		**104087.00**		**93400.00**	**155320.00**	**6200.00**
14714.00	1281.00		13433.00		38600.00	49500.00	
23064.00	320.00		22744.00		5000.00		
8277.00	335.00		7942.00		21400.00		
16488.00	289.00		16199.00		2200.00	11570.00	
25394.00	1694.00		23700.00			7700.00	6200.00
8743.00	1173.00		7570.00		5600.00	46550.00	
7087.00	588.00		6499.00		12600.00	40000.00	
6837.00	837.00		6000.00		8000.00		
360.00	360.00						
154611.43	**67634.43**	**31165.00**	**55812.00**	**89964.00**	**36126.00**	**36696.00**	**145535.00**
60290.00	7469.00	5421.00	47400.00	15405.00	21000.00	26696.00	
27939.00	2195.00	25744.00		70475.00	500.00		
9210.00	3230.00		5980.00	4084.00	14626.00	10000.00	145535.00
2432.00			2432.00				
54740.43	54740.43						

5－10　2021—2023年水利

<table>
<tr><th rowspan="2">行　政　区</th><th colspan="3">2021年水利建设项目投资完成</th></tr>
<tr><th>合计</th><th>中央政府投资</th><th>地方政府投资</th></tr>
<tr><td>湖北省</td><td>3553435.35</td><td>1053384.42</td><td>2500050.93</td></tr>
<tr><td>武汉市</td><td>569253.11</td><td>45824.84</td><td>523428.27</td></tr>
<tr><td>黄石市</td><td>123146.45</td><td>29894.00</td><td>93252.45</td></tr>
<tr><td>十堰市</td><td>260825.67</td><td>109303.00</td><td>151522.67</td></tr>
<tr><td>宜昌市</td><td>539463.46</td><td>181999.79</td><td>357463.67</td></tr>
<tr><td>襄阳市</td><td>122416.00</td><td>58632.00</td><td>63784.00</td></tr>
<tr><td>鄂州市</td><td>83032.00</td><td>1221.00</td><td>81811.00</td></tr>
<tr><td>荆门市</td><td>215299.24</td><td>89242.00</td><td>126057.24</td></tr>
<tr><td>孝感市</td><td>168212.00</td><td>56847.00</td><td>111365.00</td></tr>
<tr><td>荆州市</td><td>211976.80</td><td>94390.00</td><td>117586.80</td></tr>
<tr><td>黄冈市</td><td>578461.85</td><td>134551.73</td><td>443910.12</td></tr>
<tr><td>咸宁市</td><td>145673.80</td><td>64068.06</td><td>81605.74</td></tr>
<tr><td>随州市</td><td>47947.00</td><td>25856.00</td><td>22091.00</td></tr>
<tr><td>恩施土家族苗族自治州</td><td>65279.63</td><td>37463.00</td><td>27816.63</td></tr>
<tr><td>仙桃市</td><td>85726.34</td><td>32116.00</td><td>53610.34</td></tr>
<tr><td>潜江市</td><td>64127.00</td><td>10444.00</td><td>53683.00</td></tr>
<tr><td>天门市</td><td>69943.00</td><td>6838.00</td><td>63105.00</td></tr>
<tr><td>厅直单位</td><td>199149.00</td><td>71568.00</td><td>127581.00</td></tr>
<tr><td>神农架林区</td><td>3503.00</td><td>3126.00</td><td>377.00</td></tr>
</table>

建设项目完成投资

单位：万元

2022年水利建设项目投资完成			2023年水利建设项目投资完成		
合计	中央政府投资	地方政府投资	合计	中央政府投资	地方政府投资
5975397.08	**1162865.92**	**4812531.16**	**6646894.22**	**1784929.49**	**4861964.73**
800560.80	57846.74	742714.06	792607.05	668188.57	124418.48
265750.80	31962.00	233788.80	360612.00	31138.00	329474.00
402431.60	92837.00	309594.60	345990.95	95756.00	250234.95
649057.68	195958.50	453099.18	757401.79	163415.60	593986.19
549946.59	81593.00	468353.59	693642.32	80952.38	612689.94
146216.00	2073.00	144143.00	94570.00	3011.00	91559.00
389855.17	81734.00	308121.17	448724.98	73375.00	375349.98
402642.59	39634.00	363008.59	376784.82	45309.00	331475.82
296740.96	78859.00	217881.96	465475.00	117100.00	348375.00
738654.51	157568.00	581086.51	851970.69	158882.00	693088.69
207759.57	43826.00	163933.57	260404.59	46778.30	213626.29
84123.76	23050.21	61073.55	97014.75	28144.79	68869.96
177336.86	89834.00	87502.86	485212.00	119328.00	365884.00
201602.00	52212.00	149390.00	155134.00	31743.00	123391.00
150957.02	18697.00	132260.02	129199.00	30285.00	98914.00
201780.00	7963.00	193817.00	191720.00	8265.00	183455.00
298678.47	103424.47	195254.00	133439.28	78698.85	54740.43
11302.70	3794.00	7508.70	6991.00	4559.00	2432.00

5－11 2023年水利建设

项 目 类 型	本年完成投资			
		防洪	灌溉	除涝
合计	**6646894.22**	**2159164.76**	**639417.66**	**579396.22**
国家水网骨干工程	**320873.00**	**202310.00**	**103429.00**	
重大骨干防洪减灾工程	206324.00	191190.00		
重大水资源配置工程	213.00	213.00		
其中：南水北调项目	3000.00		3000.00	
大农业节水供水工程（含大型灌区新建及现代化改造）	111336.00	10907.00	100429.00	
防洪工程体系建设	**1580384.22**	**938080.22**	**101976.44**	**383078.87**
流域面积3000平方千米以上河流治理（主要支流）	257611.00	209304.98	8711.00	
流域面积200～3000平方千米中小河流治理	72075.00	63534.66	1906.00	120.00
流域面积200平方千米以下河流治理	81710.92	60338.64	1630.28	2328.00
区域排涝能力建设	718731.96	255779.85	64794.00	378280.87
大中型病险水库除险加固	96926.00	55967.00	9603.00	
小型病险水库除险加固	79184.03	60846.34	10006.16	189.00
大中型病险水闸除险加固	97356.60	90961.60	4975.00	1420.00
山洪灾害防治（含农村基层防汛预报预警体系建设）	8223.35	6713.35	35.00	281.00
城市防洪	63211.64	36798.64		
水毁工程修复和水利救灾	18081.53	10973.53	316.00	460.00
防汛通信设施等其他防洪减灾项目	87272.19	86861.63		
农村水利建设	**1963468.79**	**180143.51**	**350218.25**	**20652.00**
农村供水保障工程（含城乡供水一体化、农村供水规模化建设及小型工程规范化改造）	1380134.64	13180.00	85118.00	3571.00
中小型灌区改造	86905.55	4233.00	81231.04	
高效节水灌溉和高标准农田灌排体系建设	302642.00	110088.00	128117.00	3600.00
灌溉排水泵站更新改造	38207.25	25289.04	488.21	12430.00
小型农田水利设施建设	62021.00	4797.00	47196.00	482.00

项目完成投资（按用途分）

单位：万元

供水	发电	水保及生态	机构能力建设	前期工作	其他
1721473.32	**61423.00**	**1121687.52**	**80965.14**	**122196.97**	**161169.63**
				15134.00	
				15134.00	
34919.00	**5008.00**	**81193.24**	**20599.00**	**4287.80**	**11241.65**
		19339.00	19671.00	585.02	
		2385.00	300.00	1150.34	2679.00
250.00	3279.00	13443.00	126.00	316.00	
		17801.24		217.00	1859.00
28820.00	730.00	340.00			1466.00
4629.00	998.00	869.00		754.88	891.65
		199.00	64.00	388.00	543.00
		26413.00			
1220.00	1.00	404.00	438.00	554.00	3715.00
				322.56	88.00
1297473.37	**4480.00**	**54737.07**	**4594.00**	**28501.50**	**22669.09**
1258313.37	2820.00	2773.77	1806.00	4356.50	8196.00
126.00	400.00	462.30	268.00	82.00	103.21
17530.00		7600.00		23408.00	12299.00
4475.00		1717.00	2100.00	35.00	1219.00

项　目　类　型	本年完成投资			
		防洪	灌溉	除涝
农村水系综合整治（含水系连通及水美乡村建设）	85287.35	21033.47	6000.00	
农村河塘清淤整治	1243.00	743.00	100.00	
小型水源工程	7000.00	780.00	1940.00	569.00
其他农村水利建设	28.00		28.00	
其他重点水源工程	**251709.00**	**56554.21**	**3860.00**	**7690.00**
新建中型水库	20500.00	16740.00	1860.00	
新建小型水库	100349.00	32804.21	2000.00	
新建大型水库及其他引调水工程（除列入重大水利工程以外的项目）	130860.00	7010.00		7690.00
河湖生态保护治理	**1699172.21**	**609166.43**	**9823.36**	**158511.26**
水土保持工程建设（含以奖代补试点）	45577.76	300.00		6801.00
河流综合治理与生态修复（除列入重大工程以外的项目）	1539662.35	570166.43	7143.36	149850.26
水源地保护治理	113932.10	38700.00	2680.00	1860.00
数字孪生水利建设	**3414.00**	**580.00**		
水利工程设施维修养护等	**303561.63**	**50181.69**	**27279.60**	**3982.61**
农村饮水工程设施维修养护	121620.83	430.00	606.00	
小型水库工程设施维修养护	43201.00	11663.80	2540.00	2330.00
山洪灾害防治非工程措施维修养护	2367.00	1463.00	161.00	17.00
其他水利工程设施维修养护	42843.44	12689.49	15282.00	1492.61
农业水价综合改革	7815.79	84.40	3808.60	
河湖管护	34159.00	469.00		143.00
水资源节约与保护	51554.57	23382.00	4882.00	
行业能力建设	**26397.30**	**14990.00**		
基础设施建设（含水政监察）	16128.00	10889.00		
水文水资源工程（含水文基础设施）	5269.30	4101.00		
前期工作	5000.00			
大中型水库移民后期扶持基金	**293275.69**	**30060.53**	**35582.01**	**4807.10**
三峡后续工作专项资金	**204638.38**	**77098.17**	**7249.00**	**674.38**

续表

供水	发电	水保及生态	机构能力建设	前期工作	其他
16000.00		41515.00			738.88
400.00					
629.00	1260.00	669.00	420.00	620.00	113.00
109260.00	**38000.00**	**23244.79**	**9900.00**	**2500.00**	**700.00**
				1900.00	
17500.00	38000.00	144.79	9900.00		
91760.00		23100.00		600.00	700.00
100816.64	**3680.00**	**773836.35**	**2411.10**	**30326.73**	**10600.34**
14638.00		23798.76		40.00	
75092.64		717487.59	455.10	9289.63	10177.34
11086.00	3680.00	32550.00	1956.00	20997.10	423.00
603.00			**2231.00**		
120253.79	**331.00**	**55353.57**	**8000.04**	**13835.16**	**24344.17**
114837.00		869.00	1058.00	1058.00	2762.83
389.00		22068.00	107.04	1551.16	2552.00
	12.00		130.00	92.00	492.00
4089.00	219.00	544.00	292.00	924.00	7311.34
579.79	100.00	260.00	501.00	332.00	2150.00
70.00		19206.00	4993.00	5254.00	4024.00
289.00		12406.57	919.00	4624.00	5052.00
		300.00	**4802.00**	**5400.00**	**905.30**
		300.00	4039.00	400.00	500.00
			763.00		405.30
				5000.00	
20305.52	**9924.00**	**79613.50**	**13948.00**	**22178.90**	**76856.13**
37842.00		**53409.00**	**14480.00**	**32.88**	**13852.95**

5－12　2023年水利建设项目完成投资（按构成分）

单位：万元

项目类型	本年完成投资	建筑工程	安装工程	设备工器具购置	其他投资	其中：移民征地安置费
合计	**6646894.22**	**5654755.09**	**344479.84**	**350204.62**	**297454.67**	**97090.78**
国家水网骨干工程	**320873.00**	**203573.44**	**16881.08**	**4573.21**	**95845.27**	**73494.34**
重大骨干防洪减灾工程	206324.00	104060.43	13315.33		88948.24	73258.73
重大水资源配置工程	213.00	213.00				
其中：南水北调项目	3000.00	3000.00				
重大农业节水供水工程（含大型灌区新建及现代化改造）	111336.00	96300.01	3565.75	4573.21	6897.03	235.61
防洪工程体系建设	**1580384.22**	**1421524.47**	**74738.22**	**58798.57**	**25322.96**	**1937.20**
流域面积3000平方千米以上河流治理（主要支流）	257611.00	245995.88	5186.92	1392.78	5035.42	1184.04
流域面积200～3000平方千米中小河流治理	72075.00	67418.18	2031.00	1413.00	1212.82	176.16
流域面积200平方千米以下河流治理	81710.92	70079.92	8854.00	1370.00	1407.00	167.00
区域排涝能力建设	718731.96	619493.99	47786.10	46292.19	5159.68	410.00
大中型病险水库除险加固	96926.00	82907.00	5801.00	3450.00	4768.00	
小型病险水库除险加固	79184.03	74209.40	2046.84	1422.61	1505.18	
大中型病险水闸除险加固	97356.60	95736.60	620.00	700.00	300.00	
山洪灾害防治（含农村基层防汛预报预警体系建设）	8223.35	6347.19	523.00	757.16	596.00	
城市防洪	63211.64	61681.64	1530.00			
水毁工程修复和水利救灾	18081.53	10793.04	359.36	2000.83	4928.30	
防汛通信设施等其他防洪减灾项目	87272.19	86861.63			410.56	
农村水利建设	**1963468.79**	**1635919.49**	**148465.60**	**149136.60**	**29947.10**	**9530.71**
农村供水保障工程（含城乡供水一体化、农村供水规模化建设及小型工程规范化改造）	1380134.64	1116247.54	105198.60	143106.00	15582.50	420.71
中小型灌区改造	86905.55	82013.94	3561.00	373.60	957.01	
高效节水灌溉和高标准农田灌排体系建设	302642.00	281197.00	5688.00	2571.00	13186.00	9110.00
灌溉排水泵站更新改造	38207.25	38143.66			63.59	

续表

项目类型	本年完成投资	建筑工程	安装工程	设备工器具购置	其他投资	其中：移民征地安置费
小型农田水利设施建设	62021.00	50627.00	11052.00	342.00		
农村水系综合整治（含水系连通及水美乡村建设）	85287.35	65139.35	20110.00		38.00	
农村河塘清淤整治	1243.00	1243.00				
小型水源工程	7000.00	1280.00	2856.00	2744.00	120.00	
其他农村水利建设	28.00	28.00				
其他重点水源工程	**251709.00**	**208531.61**	**12715.33**	**28463.73**	**1998.33**	**511.33**
新建中型水库	20500.00	11200.00	1860.00	7440.00		
新建小型水库	100349.00	90819.16	2647.78	4983.73	1898.33	511.33
新建大型水库及其他引调水工程（除列入重大水利工程以外的项目）	130860.00	106512.45	8207.55	16040.00	100.00	
河湖生态保护治理	**1699172.21**	**1554499.45**	**50114.75**	**57901.34**	**36656.67**	**372.20**
水土保持工程建设（含有以奖代补试点）	45577.76	43587.76	532.00	120.00	1338.00	
河流综合治理与生态修复（除列入重大工程以外的项目）	1539662.35	1427693.69	43144.75	34128.34	34695.57	372.20
水源地保护治理	113932.10	83218.00	6438.00	23653.00	623.10	
数字孪生水利建设	**3414.00**	**603.00**	**580.00**	**2231.00**		
水利工程设施维修养护等	**303561.63**	**237266.03**	**9257.31**	**15534.17**	**41504.12**	
农村饮水工程设施维修养护	121620.83	105165.00	2598.53	5985.26	7872.04	
小型水库工程设施维修养护	43201.00	37156.31	904.55	1832.54	3307.60	
山洪灾害防治非工程措施维修养护	2367.00	1001.50	282.50	206.00	877.00	
其他水利工程设施维修养护	42843.44	35351.11	1173.00	1072.33	5247.00	
农业水价综合改革	7815.79	3151.11	843.23	1078.97	2742.48	
河湖管护	34159.00	24587.00	231.00	2184.00	7157.00	
水资源节约与保护	51554.57	30854.00	3224.50	3175.07	14301.00	
行业能力建设	**26397.30**	**16633.30**	**740.00**	**3424.00**	**5600.00**	
基础设施建设（含水政监察）	16128.00	14628.00		900.00	600.00	
水文水资源工程（含水文基础设施）	5269.30	2005.30	740.00	2524.00		
前期工作	5000.00				5000.00	
大中型水库移民后期扶持基金	**293275.69**	**189976.80**	**25678.55**	**25796.00**	**51824.34**	**11245.00**
三峡后续工作专项资金	**204638.38**	**186227.50**	**5309.00**	**4346.00**	**8755.88**	

5-13 2023年水利建设项目固定资产（按地区分）

单位：万元

行政区	本年新增固定资产	本年完成投资
湖北省	**2629908.68**	**6646894.22**
武汉市	**212980.00**	**792607.05**
市辖区	211130.00	590247.04
汉阳区		16250.27
东西湖区		80177.00
汉南区		27914.53
蔡甸区		10728.00
江夏区	1850.00	58898.21
黄陂区		8027.00
新洲区		346.00
东湖新技术开发区		19.00
黄石市	**48805.00**	**360612.00**
市辖区	500.00	97945.00
黄石港区	50.00	237.00
西塞山区		123.00
下陆区	200.00	453.00
铁山区	500.00	2356.00
阳新县	19165.00	111469.00
大冶市	28390.00	148029.00
十堰市	**78526.21**	**345990.95**
市辖区	592.00	49125.00
茅箭区	66.00	4487.00
张湾区	2000.00	5444.74
郧阳区	8792.00	48037.00
郧西县	25073.00	41603.00
竹山县	22513.21	28845.21
竹溪县	965.00	30773.00
房县	12852.00	80771.00
丹江口市	5673.00	56905.00
宜昌市	**374795.60**	**757401.79**
市辖区	45283.00	148311.94
西陵区		11165.00

续表

行　政　区	本年新增固定资产	本年完成投资
伍家岗区	10638.00	10873.00
点军区	5944.00	13484.00
猇亭区	1310.00	2178.00
夷陵区	25061.00	51347.00
远安县	24917.60	36204.70
兴山县	14751.00	49094.00
秭归县	1622.00	73137.00
长阳土家族自治县	3135.00	7621.00
五峰土家族自治县	22920.00	28342.00
宜都市	144030.00	205004.00
当阳市	31457.00	58099.00
枝江市	43727.00	62541.15
襄阳市	**571787.16**	**693642.32**
市辖区	133268.79	138128.79
襄城区	37088.64	37272.64
樊城区		3585.00
襄州区	10794.73	97248.73
南漳县	20552.00	21120.16
谷城县	32192.00	35801.00
保康县	32984.00	37054.00
老河口市	258660.70	263440.70
枣阳市	30332.22	30332.22
宜城市	15914.08	29659.08
鄂州市	**78750.00**	**94570.00**
市辖区	58287.00	73635.00
梁子湖区	17291.00	17353.00
华容区	2822.00	2934.00
鄂城区	350.00	648.00
荆门市	**216110.00**	**448724.98**
市辖区		71331.00
东宝区	12000.00	14033.00
屈家岭管理区		586.00
掇刀区	10360.00	20207.00

续表

行　政　区	本年新增固定资产	本年完成投资
京山市	67453.00	82398.00
沙洋县	64070.00	111962.00
钟祥市	62227.00	148207.98
孝感市	**224754.09**	**376784.82**
市辖区	31020.60	61611.60
孝南区	13367.88	18885.88
孝昌县	24339.00	29872.00
大悟县	27311.00	29635.00
云梦县	1025.00	9561.16
应城市	64699.00	85210.00
安陆市	32679.61	72310.71
汉川市	30312.00	69698.47
荆州市	**112818.00**	**465475.00**
市辖区		62398.00
沙市区		74.00
荆州区		17603.00
公安县	4200.00	59106.00
监利市	39231.00	129320.00
江陵县	17354.00	19123.00
石首市	5620.00	47623.00
洪湖市	44078.00	114410.00
松滋市	2335.00	15818.00
黄冈市	**311273.04**	**851970.69**
市辖区		97430.00
黄州区		10791.00
团风县	100.00	104184.00
红安县	85837.00	86024.00
罗田县	600.00	77192.00
英山县	428.00	58451.00
浠水县	79523.00	102051.00
蕲春县	550.00	51018.00
黄梅县	19674.04	93012.04
麻城市	36925.00	78444.65

续表

行　政　区	本年新增固定资产	本年完成投资
武穴市	86636.00	86806.00
白莲河示范区	1000.00	5252.00
龙感湖管理区		1315.00
咸宁市	**74328.00**	**260404.59**
市辖区		254.00
咸安区	11000.00	23836.00
嘉鱼县	11700.00	37394.69
通城县	40010.00	45234.00
崇阳县		42410.28
通山县	5075.00	52500.00
赤壁市	6543.00	58775.62
随州市	**38354.00**	**97014.75**
市辖区	19671.00	36678.96
曾都区		9571.00
随县		19441.79
广水市	18683.00	31323.00
恩施土家族苗族自治州	**134092.15**	**485212.00**
恩施市	15691.00	156202.00
利川市	18453.00	35955.00
建始县	15063.00	33736.00
巴东县	6200.00	63525.00
宣恩县	14424.15	43561.00
咸丰县	13239.00	65408.00
来凤县	39622.00	63617.00
鹤峰县	11400.00	22634.00
州直		574.00
省直管	**152535.43**	**616483.28**
仙桃市	66517.43	155134.00
潜江市	24521.00	129199.00
天门市	8974.00	191720.00
神农架林区	4864.00	6991.00
厅直单位	47659.00	133439.28

5-14 2023年水利建设项目形象进度（按地区分）

行政区	实物工程量：本年计划					实物工程量：本年完成				
	土方/万立方米	石方/万立方米	混凝土/万立方米	金属结构/吨	移民安置人数/人	土方/万立方米	石方/万立方米	混凝土/万立方米	金属结构/吨	移民安置人数/人
湖北省	**5075.57**	**866.94**	**486.51**	**52457.42**	**7970**	**5433.86**	**1107.55**	**587.23**	**49843.93**	**14556**
武汉市	**13.59**	**0.54**	**1.83**	**223.37**		**13.59**	**0.54**	**1.83**	**223.37**	
蔡甸区	6.10	0.45	1.40	111.42		6.10	0.45	1.40	111.42	
江夏区	7.49	0.09	0.43	111.95		7.49	0.09	0.43	111.95	
黄石市	**48.17**	**36.00**	**7.66**	**441.70**		**62.76**	**35.98**	**8.32**	**1120.45**	
阳新县	3.23	2.05	0.45	29.00		17.95	2.05	1.11	707.75	
大冶市	44.94	33.95	7.21	412.70		44.81	33.93	7.21	412.70	
十堰市	**141.13**	**139.63**	**57.52**	**2278.83**	**483**	**127.87**	**132.56**	**57.59**	**970.84**	**483**
市辖区	0.35	0.64	1.74		133	0.35	0.64	1.74		133
茅箭区	8.21	1.09	0.42	100.00		8.60	1.34	0.63	159.00	
郧西县	102.23	64.97	5.42	1994.76		89.03	57.76	5.35	628.77	
竹山县	21.94	40.75	44.95	4.70		21.79	40.74	44.88	4.70	
房县	6.53	8.49	4.09	179.37	350	6.23	8.39	4.09	178.37	350
丹江口市	1.87	23.69	0.90			1.87	23.69	0.90		
宜昌市	**365.55**	**96.74**	**64.44**	**1852.15**	**2**	**358.59**	**96.77**	**62.77**	**1984.17**	**2**
市辖区	37.65	29.27	15.44	797.10		35.76	30.69	14.63	935.42	
伍家岗区	62.00	33.00	21.00			61.00	30.00	20.00		
猇亭区	2.25	1.17	0.12	68.50		2.16	1.16	0.12	68.50	
夷陵区	47.34	13.48	3.39	1.10		49.72	13.69	2.69	1.10	
兴山县	108.40	12.60	8.33			108.40	12.32	8.33		
秭归县	0.60	0.60				0.60	0.60			
五峰土家族自治县	21.14	5.93	4.90	33.93	2	20.98	7.63	4.84	33.93	2
当阳市	85.67	0.69	11.16	951.52		79.48	0.68	12.07	945.22	
枝江市	0.50		0.10			0.50		0.10		
襄阳市	**242.57**	**51.88**	**26.68**	**1652.57**	**67**	**641.42**	**305.90**	**123.47**	**1593.90**	**522**
市辖区	111.14	32.01	9.56	1211.04		109.74	31.97	8.71	1207.81	
襄城区	38.85		6.28			38.85		6.28		
襄州区	79.78	16.41	9.64	201.53	67	75.56	13.85	8.34	193.71	67

续表

行政区	实物工程量：本年计划					实物工程量：本年完成				
	土方/万立方米	石方/万立方米	混凝土/万立方米	金属结构/吨	移民安置人数/人	土方/万立方米	石方/万立方米	混凝土/万立方米	金属结构/吨	移民安置人数/人
南漳县						402.63	256.12	99.00	20.00	430
谷城县	12.80	3.46	1.19	240.00		14.63	3.96	1.13	172.38	25
鄂州市	**3.20**	**1.70**	**0.10**	**1200.00**		**3.20**	**1.70**	**0.10**	**1200.00**	
市辖区	3.00	1.70	0.10	1200.00		3.00	1.70	0.10	1200.00	
华容区	0.20					0.20				
荆门市	**519.22**	**109.32**	**40.56**	**893.09**		**496.49**	**96.27**	**39.91**	**793.06**	
市辖区	31.60	13.14	2.72	96.11		27.74	9.21	2.68	88.48	
东宝区	4.56	2.54	2.12	5.74		4.56	2.54	2.12	5.74	
屈家岭管理区	2.08		0.10			2.08		0.10		
掇刀区	7.61	1.49	0.55			7.61	1.49	0.55		
京山市	192.59	54.20	11.36	450.00		188.77	49.88	11.25	444.60	
沙洋县	162.87	29.10	8.02	72.24		162.97	26.40	7.84	72.24	
钟祥市	117.91	8.85	15.69	269.00		102.77	6.75	15.37	182.00	
孝感市	**354.50**	**57.31**	**25.43**	**13632.57**		**374.81**	**65.10**	**26.47**	**13632.57**	**850**
市辖区	0.55		0.10	30.00		0.55		0.10	30.00	
孝南区	62.26	17.20	2.93	63.23		62.25	17.20	2.93	63.23	
孝昌县	14.10		0.36	1150.00		14.10		0.36	1150.00	
大悟县	133.15	34.52	3.70	840.74		133.15	42.00	4.60	840.74	
云梦县	11.52	0.21	0.03			15.84	0.30	0.17		850
应城市	7.17		1.52	233.00		7.17		1.52	233.00	
汉川市	125.75	5.38	16.79	11315.60		141.75	5.60	16.79	11315.60	
荆州市	**476.88**	**20.91**	**33.28**	**6959.92**	**66**	**456.67**	**14.11**	**32.71**	**4855.59**	**66**
荆州区	10.20									
公安县	16.53	8.80	0.73	2149.31		9.94	2.00	0.53	44.32	
监利市	49.26	2.05	10.04	2871.93		45.95	2.05	9.68	2848.29	
江陵县	230.00	0.04	10.64	850.78		229.89	0.04	10.63	850.78	
石首市	51.93	8.96	6.28	1072.40		51.93	8.96	6.27	1096.70	
洪湖市	108.76	0.56	5.40		66	108.76	0.56	5.40		66
松滋市	10.20	0.50	0.20	15.50		10.20	0.50	0.20	15.50	

续表

行政区	实物工程量：本年计划					实物工程量：本年完成				
	土方/万立方米	石方/万立方米	混凝土/万立方米	金属结构/吨	移民安置人数/人	土方/万立方米	石方/万立方米	混凝土/万立方米	金属结构/吨	移民安置人数/人
黄冈市	**797.61**	**163.76**	**101.47**	**2466.11**		**793.20**	**166.00**	**103.50**	**2471.11**	
黄州区	76.08	0.55	0.20	11.96		75.23	0.54	0.12	11.96	
红安县	39.48	6.00	5.83	944.46		39.48	6.00	5.83	944.46	
浠水县	28.33	1.02	8.28	840.40		28.33	1.02	8.28	840.40	
黄梅县	224.71	3.18	9.59	42.30		224.41	3.18	9.59	42.30	
麻城市	181.91	64.61	10.65	290.09		178.65	66.86	12.76	290.09	
武穴市	247.10	88.40	66.92	336.90		247.10	88.40	66.92	341.90	
咸宁市	**252.37**	**17.39**	**9.05**	**644.05**		**247.88**	**15.88**	**10.95**	**626.05**	
市辖区	0.40					0.40				
嘉鱼县	142.85	5.50	2.40	435.00		142.66	5.50	2.40	427.00	
崇阳县	12.75	3.73	2.58			12.75	3.73	2.58		
通山县	21.23	6.29	1.83	9.00		21.23	6.29	1.83	9.00	
赤壁市	75.14	1.87	2.24	200.05		70.84	0.36	4.14	190.05	
随州市	**127.69**	**23.83**	**14.26**			**127.69**	**23.83**	**14.26**		
市辖区	50.00		7.00			50.00		7.00		
曾都区	77.69	23.83	7.26			77.69	23.83	7.26		
恩施土家族苗族自治州	**167.09**	**43.82**	**62.63**	**4707.52**	**15**	**163.44**	**48.05**	**63.17**	**4707.47**	**15**
恩施市	11.19	1.71	4.93	5.00		7.93	1.04	3.59	5.00	
利川市	19.24	12.34	6.44	3789.15	15	19.24	12.34	6.44	3789.15	15
建始县	87.92	8.64	39.83			87.92	8.64	39.83		
宣恩县	10.51	7.75	4.56			10.12	7.65	4.44		
咸丰县	9.36	2.59	1.50	118.00		9.36	2.59	1.50	118.00	
来凤县	7.76	6.78	2.96	693.37		7.76	6.78	2.96	693.32	
鹤峰县	21.11	4.01	2.41	102.00		21.11	9.01	4.41	102.00	
省直管	**1566.00**	**104.12**	**41.61**	**15505.54**	**7337**	**1566.25**	**104.86**	**42.17**	**15665.35**	**12618**
仙桃市	900.82	4.11	10.27	6451.82	6577	901.21	4.29	11.03	6538.27	11860
潜江市	66.02	4.08	6.12	2153.20		67.22	3.00	5.76	2022.30	
天门市	395.87	18.72	10.00			395.87	18.72	10.00		
神农架林区			0.67					0.67		
厅直单位	203.30	77.21	14.55	6900.52	760	201.95	78.85	14.71	7104.78	758

5-15 2021—2023年水利投资建设项目数量

单位：个

行 政 区	2021年			2022年			2023年		
	上报项目	在建项目	全部投产项目	上报项目	在建项目	全部投产项目	上报项目	在建项目	全部投产项目
湖北省	**1772**	**936**	**453**	**2241**	**1549**	**1042**	**1979**	**1614**	**697**
武汉市	106	51	14	163	86	45	110	76	10
黄石市	54	44	40	67	54	46	65	60	32
十堰市	155	122	52	208	150	126	154	133	73
宜昌市	215	151	74	218	175	81	267	258	83
襄阳市	159	89	55	253	252	215	180	180	84
鄂州市	27	7	1	37	10		46	43	
荆门市	107	52	33	130	80	57	127	99	72
孝感市	108	27	17	133	70	42	137	84	24
荆州市	138	41	25	186	113	63	141	76	25
黄冈市	249	177	69	296	254	148	262	260	59
咸宁市	139	51	12	150	86	68	113	95	65
随州市	69	24	15	74	41	33	77	58	49
恩施土家族苗族自治州	131	36	18	156	42	24	141	46	36
仙桃市	28	16	3	32	24	23	31	31	25
潜江市	21	15	11	30	20	14	29	21	19
天门市	21	5		37	35	20	39	39	14
神农架林区	10	10	9	19	19	19	13	13	13
厅直单位	35	18	5	52	38	18	47	42	14

主 要 指 标 解 释

【项目计划总投资】建设项目或企业、事业单位中的建设工程，按照总体设计规定的内容全部建成计划需要（或按设计概算或预算）的总投资。一般应采用上级批准的计划总投资，在计划总投资有调整，并经上级批准后，应填报批准后的调整数字；无上级批准时，采用上报的计划总投资；前两者都没有的，填报年内施工工程计划总投资。

按投资来源划分为中央政府投资、地方政府投资、企业和私人投资、利用外资、国内贷款、债券和其他投资。

（1）中央政府投资：是指中央政府对项目建设进行的投资，主要包括中央预算内投资、中央财政资金、重大水利工程建设基金、特别国债等。

（2）地方政府投资：是指地方政府（省、地市、县政府）对项目建设进行的投资。主要包括地方财政性资金、地方政府一般债券、地方政府专项债券、特别国债、水利建设基金、重大水利工程建设基金等。

【自开工累计完成投资】指项目从开始建设至报告期末累计完成的全部投资额，应以项目实际的合同价格或中标价格为依据计算填报。计算范围原则上应与“项目计划总投资”包括的工程内容相一致。报告期以前已建成投产或停建、缓建工程完成的投资以及拆除、报废工程的投资，仍应包括在内。

【本年完成投资】指当年完成的全部投资额，应以项目实际的合同价格或中标价格为依据计算填报。本年完成投资需按构成分为建筑工程投资、安装工程投资、工器具设备购置和其他费用。本年完成投资按用途分为以下几种。①防洪工程投资：是指用于防洪工程建设所完成的投资，包括以防洪工程为主的水库、堤防加固、河道治理、蓄滞洪区建设等工程性建设投资和防汛调度、防洪保险、预警系统等非工程设施投资；②灌溉工程投资：是指用于灌溉工程建设所完成的投资，包括以灌溉工程为主的水库、灌区、引水枢纽、渠道、土地平整等工程投资；③除涝工程投资：是指用于除涝工程建设所完成的投资，包括排水渠道、排水闸等工程投资；④供水工程投资：是指用于城镇、农村、工业供水工程建设所完成的投资，包括以供水为主的水库工程投资，不包括用于农业灌溉的引水工程投资；⑤发电工程投资：是指用于水电工程建设所完成的投资，包括水电站工程的主体工程、临时工程、征地移民、电网建设投资，也包括综合利用水利枢纽工程中的电站厂房、电站设备、电站安装工程投资等；⑥水土保持及生态工程投资：是指用于水土保持工程建设所完成的投资，包括大江大河中上游水土保持、重点治理区及小流域治理投资等；⑦机构能力建设：是指用于机构能力建设所完成的投资，包括房屋建设和科研设备购置等；⑧项目前期工作：是指用于工程勘察设计，项目建议书、可行性研究报告、初步设计报告编制，项目审批前置要件办理等前期工作所完成的投资；⑨其他：是指除上述用途之外的其他工程建设所完成的投资，包括水利企事业单位用于发展旅游、水产等的设施投资。

综合利用水库工程一般同时发挥多项效益，根据该工程规划立项时的投资分摊比例，计算其分别列入防洪、灌溉、水电、供水内的投资完成额。

【本年新增固定资产】在报告期内已经完成建造和购置过程，并已交付生产或使用单位的固定资产的价值，包括已经建成投入生产或交付使用的工程投资和达到固定资产标准的设备、工具、器具的投资及有关应摊入的费用。属于增加固定资产价值的其他建设费用，应随同交付使用的工程一并计入新增固定资产。

固定资产投资是指建造和购置固定资产的经济活动，固定资产投资额是以货币表现的建造和购置固定资产活动的工作量，它是反映固定资产投资规模、速度、比例关系和使用方向的综合性指标。不属于固定资产的包括：①流动资产；②消耗品，如办公耗材（低值易耗品）等；③投资品，如股票（或股权）、期货、金融衍生产品等；④消耗性生物资产；⑤发放给农户的货币补贴，如美丽乡村、新农村建设等项目中的补贴。

相关支出在会计上作为成本费用处理的建设活动不增加新的固定资产。一般包括大修理、养护、维护性质的工程，如设备维修、建筑物翻修和加固、单纯装饰装修、农田水利工程（堤防、水库）维修、铁路大修、道路日常养护、景观维护等。这类建设活动未替换原有的固定资产，也没有增加新的固定资产。

【实物工程量】实物工程量是以自然物理计量单位表示的水利工程建设完成的各种工程数量，是计算工作量的依据，是反映水利基本建设成果、考核工程进度的重要指标之一。

（1）土方：是指水利工程建设中土方的开挖、回填、填筑的数量，包括土坝填筑、灌区渠道、防洪堤防等土方。如监理月报中只有土石方的开挖、回填等数据，则全部计入“土方”中，“石方”则不计入。

（2）石方：是指水利工程建设中石方开挖、石方回填、石方砌筑（包括干砌石和浆砌石）、抛石护岸等，包括水库大坝、渠道及堤防建筑物中的石方等。

（3）混凝土：是指水利工程建设中浇筑、衬砌的混凝土的数量，包括水库混凝土大坝、渠道及堤防建筑物中的混凝土等。

（4）金属结构：是指用钢材建造建筑物各部位承重和非承重构件。金属结构构件工程量主要包括钢柱、钢屋架、钢檩条、钢支撑、吊车梁、天窗架、钢门、钢窗、钢栏杆工程量等。

六、水利服务业

SHUI LI FU WU YE

图片来源：湖北省水利水电科学研究院实景

6-1　2021—2023年水利服务业单位基本情况

行　政　区	2021年			2022年			2023年		
	单位数量/个	年末从业人数/人	其中：在岗职工人数	单位数量/个	年末从业人数/人	其中：在岗职工人数	单位数量/个	年末从业人数/人	其中：在岗职工人数
湖北省	**1977**	**46306**	**40419**	**1947**	**45132**	**39512**	**1867**	**44070**	**38649**
武汉市	172	9000	8254	172	8939	8198	143	8349	7748
黄石市	48	1032	991	41	748	741	41	748	741
十堰市	109	1613	1508	103	1384	1357	103	1384	1357
宜昌市	204	2227	2319	202	2657	2569	200	2647	2559
襄阳市	238	3869	3030	238	3695	2907	206	3476	2726
鄂州市	54	860	840	54	833	820	54	833	820
荆门市	78	1473	1311	78	1391	1309	76	1330	1248
孝感市	109	2142	1842	109	2014	1701	108	1908	1603
荆州市	310	6486	5451	308	6396	5400	304	6365	5372
黄冈市	260	5836	4184	260	5841	4161	251	5829	4149
咸宁市	129	1636	1348	129	1470	1315	129	1470	1315
随州市	48	1424	1064	49	1494	1064	49	1494	1064
恩施土家族苗族自治州	63	1120	977	49	731	708	45	698	685
仙桃市	35	600	570	36	594	572	36	594	572
潜江市	26	469	351	26	461	339	26	461	339
天门市	46	544	532	46	541	533	47	541	533
神农架林区	3	19	19	3	19	19	3	19	19
厅直单位	45	5956	5828	44	5924	5799	46	5924	5799

6－2　2023年水利服务业单位基本情况（按机构类型分）

单位主要特征	单位数量/个			年末从业人数/人			其中：在岗职工	从业人员劳动报酬总额/亿元	其中：在岗职工工资总额/亿元
	总数	独立核算	非独立核算	总数	独立核算	非独立核算			
合计	**1867**	**1453**	**414**	**44070**	**42374**	**1696**	**38649**	**4.622**	**4.459**
企业	184	175	9	10898	10820	78	9153	1.093	1.034
公益一类事业单位	999	750	249	19995	18824	1171	17853	2.296	2.225
公益二类事业单位	213	206	7	5422	5338	84	4596	0.427	0.413
其他事业单位	213	157	56	3102	2841	261	2570	0.237	0.231
机关	116	115	1	3917	3917		3777	0.552	0.540
社会团体	91	45	46	613	563	50	610	0.011	0.011
其他组织机构	51	5	46	123	71	52	90	0.007	0.005

6－3　2023年水利服务业单位基本情况（按单位类型分）

单位主要特征	单位数量/个			年末从业人数/人			其中：在岗职工	从业人员劳动报酬总额/亿元	其中：在岗职工工资总额/亿元
	总数	独立核算	非独立核算	总数	独立核算	非独立核算			
合计	**1867**	**1453**	**414**	**44070**	**42374**	**1696**	**38649**	**4.622**	**4.459**
政府水行政管理单位	151	140	11	4756	4726	30	4490	0.630	0.613
水文事业单位	20	20		1099	1099		1099	0.228	0.228
水土保持单位	55	42	13	570	529	41	505	0.053	0.051
水资源管理与保护单位	27	13	14	401	345	56	355	0.037	0.036
水政监察单位	87	68	19	1306	1178	128	1276	0.143	0.141
水利建设管理单位	44	37	7	1336	1267	69	1152	0.151	0.144
水利规划设计咨询单位	10	10		149	149		136	0.017	0.017
其他事业单位	140	106	34	2328	2154	174	2041	0.310	0.293
市县水利局派出的乡镇水利站	328	177	151	1255	794	461	1152	0.095	0.089
乡镇政府内部的乡镇水利站	40	13	27	84	46	38	81	0.006	0.006
水利建设项目法人单位	3	2	1	56	53	3	56	0.004	0.004
水库枢纽管理单位	232	223	9	6124	6086	38	4905	0.485	0.463
灌区管理单位	46	44	2	1635	1558	77	1356	0.114	0.105
河道堤防管理单位	141	114	27	6176	5986	190	5552	0.722	0.708
水闸管理单位	18	17	1	320	316	4	280	0.026	0.025
泵站管理单位	135	117	18	3124	2967	157	2905	0.332	0.328
引调水管理单位	6	5	1	134	118	16	134	0.019	0.019
其他水利设施管理单位	48	40	8	493	471	22	338	0.036	0.036
水利勘测设计等技术咨询单位	24	24		1054	1054		1019	0.204	0.204
水利工程供水单位	12	12		431	431		395	0.035	0.033
水利（水电）投资单位	3	3		160	160		160	0.013	0.013
水利工程维修养护单位	17	12	5	358	266	92	344	0.033	0.032
水利工程建设监理单位	5	5		136	136		136	0.014	0.014
其他水利经营单位	32	31	1	734	734		654	0.035	0.032
水电生产单位	35	35		1341	1341		864	0.047	0.043
自来水生产配送单位（包括城镇自来水厂及农村集中式供水工程管理单位）	66	61	5	4481	4428	53	4200	0.515	0.492
污水处理单位	2	2		42	42		42	0.004	0.004
水务投资公司	3	3		1425	1425		1372	0.216	0.213
水利水电施工企业	21	19	2	1880	1880		998	0.085	0.058
水利社会团体	72	47	25	509	484	25	499	0.004	0.003
其他水利组织	44	11	33	173	151	22	153	0.010	0.009

6－4　2023年水利服务业单位基本情况（按地区分）

行　政　区	单位个数			年末从业人数			其中：在岗职工/人	从业人员劳动报酬总额/亿元	其中：在岗职工工资总额/亿元
	总数	独立核算	非独立核算	总数	独立核算	非独立核算			
湖北省	**1867**	**1453**	**414**	**44070**	**42374**	**1696**	**38649**	**4.622**	**4.459**
武汉市	**143**	**143**		**8349**	**8349**		**7748**	**1.251**	**1.221**
市辖区	17	17		5239	5239		4981	0.774	0.751
江岸区	4	4		121	121		121	0.025	0.025
江汉区	5	5		80	80		80	0.021	0.021
硚口区	3	3		103	103		102	0.021	0.021
汉阳区	6	6		114	114		103	0.024	0.024
武昌区	8	8		237	237		237	0.053	0.053
青山区	10	10		135	135		135	0.019	0.019
洪山区	5	5		173	173		173	0.030	0.030
东西湖区	11	11		391	391		337	0.053	0.051
汉南区	2	2		181	181		90	0.019	0.016
蔡甸区	24	24		303	303		303	0.041	0.041
江夏区	12	12		169	169		169	0.038	0.038
黄陂区	12	12		388	388		388	0.068	0.068
新洲区	23	23		706	706		520	0.063	0.060
东湖新技术开发区	1	1		9	9		9	0.001	0.001
黄石市	**41**	**38**	**3**	**748**	**730**	**18**	**741**	**0.071**	**0.071**
市辖区	8	7	1	165	155	10	165	0.014	0.014
黄石港区	1	1		11	11		11	0.001	0.001
西塞山区	1	1		15	15		15	0.001	0.001
下陆区	1	1		15	15		15	0.001	0.001
铁山区	1	1		15	15		15	0.001	0.001
阳新县	14	12	2	333	325	8	326	0.031	0.031
大冶市	15	15		194	194		194	0.022	0.022
十堰市	**103**	**88**	**15**	**1384**	**1318**	**66**	**1357**	**0.097**	**0.096**
市辖区	7	7		173	173		173	0.017	0.017
茅箭区	2	2		20	20		20	0.002	0.002
张湾区	6	1	5	23	8	15	23	0.002	0.002
郧阳区	26	26		216	216		218	0.016	0.016
郧西县	19	12	7	150	130	20	150	0.011	0.011

续表

行政区	单位个数			年末从业人数			其中：在岗职工/人	从业人员劳动报酬总额/亿元	其中：在岗职工工资总额/亿元
	总数	独立核算	非独立核算	总数	独立核算	非独立核算			
竹山县	9	9		122	122		122	0.010	0.010
竹溪县	7	5	2	267	238	29	247	0.013	0.012
房县	13	12	1	132	130	2	132	0.009	0.009
丹江口市	14	14		281	281		272	0.018	0.018
宜昌市	**200**	**125**	**75**	**2647**	**2410**	**237**	**2559**	**0.254**	**0.250**
西陵区	6	6		373	373		373	0.054	0.054
伍家岗区	11	11		191	191		191	0.043	0.043
点军区	2	2		26	26		26	0.002	0.002
猇亭区	2	2		21	21		10	0.003	0.002
夷陵区	17	17		129	129		129	0.014	0.014
远安县	15	2	13	82	50	32	82	0.009	0.009
兴山县	21	3	18	71	27	44	62	0.008	0.007
秭归县	20	5	15	177	107	70	177	0.022	0.022
长阳土家族自治县	21	6	15	214	189	25	200	0.015	0.014
五峰土家族自治县	16	4	12	61	24	37	61	0.007	0.007
宜都市	7	7		308	308		308	0.013	0.013
当阳市	44	43	1	770	757	13	770	0.043	0.043
枝江市	18	17	1	224	208	16	170	0.024	0.021
襄阳市	**206**	**175**	**31**	**3476**	**3295**	**181**	**2726**	**0.209**	**0.188**
市辖区	15	14	1	920	860	60	812	0.077	0.072
襄城区	5	5		83	83		62	0.005	0.005
樊城区	10	10		96	96		86	0.002	0.002
襄州区	33	21	12	710	641	69	422	0.029	0.021
南漳县	21	21		272	272		255	0.018	0.016
谷城县	28	25	3	308	303	5	300	0.017	0.017
保康县	15	15		137	137		88	0.015	0.014
老河口市	12	12		241	241		194	0.013	0.011
枣阳市	40	27	13	353	309	44	153	0.011	0.007
宜城市	27	25	2	356	353	3	354	0.023	0.023
鄂州市	**54**	**21**	**33**	**833**	**776**	**57**	**820**	**0.076**	**0.075**
市辖区	16	13	3	521	521		508	0.052	0.051
梁子湖区	9	2	7	101	82	19	101	0.009	0.009
华容区	13	3	10	147	132	15	147	0.012	0.012
鄂城区	16	3	13	64	41	23	64	0.004	0.004

续表

行政区	单位个数			年末从业人数			其中：在岗职工/人	从业人员劳动报酬总额/亿元	其中：在岗职工工资总额/亿元
	总数	独立核算	非独立核算	总数	独立核算	非独立核算			
荆门市	**76**	**71**	**5**	**1330**	**1330**		**1248**	**0.132**	**0.129**
市辖区	13	13		302	302		301	0.053	0.053
东宝区	14	9	5	70	70		71	0.011	0.011
掇刀区	4	4		40	40		35	0.004	0.004
京山市	11	11		149	149		149	0.014	0.014
沙洋县	14	14		161	161		150	0.010	0.010
屈家岭管理区	1	1		4	4		4	0.000	0.000
钟祥市	19	19		604	604		538	0.039	0.036
孝感市	**108**	**90**	**18**	**1908**	**1745**	**163**	**1603**	**0.136**	**0.133**
市辖区	11	11		221	221		221	0.029	0.029
孝南区	26	9	17	285	150	135	221	0.027	0.027
孝昌县	12	12		147	147		147	0.011	0.011
大悟县	20	19	1	437	409	28	202	0.012	0.009
云梦县	5	5		235	235		235	0.014	0.014
应城市	16	16		153	153		153	0.013	0.013
安陆市	11	11		122	122		116	0.008	0.008
汉川市	7	7		308	308		308	0.022	0.022
荆州市	**304**	**226**	**78**	**6365**	**5936**	**429**	**5372**	**0.586**	**0.553**
市辖区	35	35		3400	3400		2657	0.353	0.340
沙市区	8	4	4	80	80		80	0.006	0.006
荆州区	19	17	2	225	216	9	225	0.025	0.025
公安县	32	32		458	458		422	0.041	0.038
监利市	19	19		435	435		435	0.034	0.034
江陵县	27	27		199	199		199	0.020	0.020
石首市	32	27	5	335	335		333	0.025	0.025
洪湖市	91	25	66	714	308	406	502	0.033	0.016
松滋市	41	40	1	519	505	14	519	0.049	0.049
黄冈市	**251**	**219**	**32**	**5829**	**5780**	**49**	**4149**	**0.316**	**0.282**
市辖区	6	6		117	117		117	0.021	0.021
黄州区	11	11		142	142		138	0.016	0.015
团风县	18	18		274	274		257	0.016	0.014
红安县	29	16	13	764	748	16	537	0.014	0.013
罗田县	14	11	3	411	398	13	280	0.019	0.016
英山县	33	32	1	493	490	3	333	0.022	0.021

续表

行 政 区	单位个数			年末从业人数			其中：在岗职工/人	从业人员劳动报酬总额/亿元	其中：在岗职工工资总额/亿元
	总数	独立核算	非独立核算	总数	独立核算	非独立核算			
浠水县	11	11		1221	1221		553	0.057	0.033
蕲春县	38	38		784	784		549	0.039	0.041
黄梅县	28	13	15	343	326	17	339	0.026	0.026
麻城市	40	40		731	731		553	0.042	0.040
武穴市	23	23		549	549		493	0.044	0.041
咸宁市	**129**	**49**	**80**	**1470**	**1173**	**297**	**1315**	**0.110**	**0.109**
市辖区	3	3		88	88		87	0.021	0.021
咸安区	28	5	23	99	67	32	99	0.009	0.009
嘉鱼县	21	3	18	166	55	111	166	0.016	0.016
通城县	13	13		489	489		377	0.020	0.018
崇阳县	19	3	16	168	133	35	134	0.011	0.011
通山县	20	10	10	233	180	53	233	0.014	0.014
赤壁市	25	12	13	227	161	66	219	0.020	0.020
随州市	**49**	**46**	**3**	**1494**	**1494**		**1064**	**0.104**	**0.090**
市辖区	8	8		279	279		210	0.023	0.023
曾都区	8	8		223	223		189	0.014	0.012
随县	16	16		297	297		281	0.033	0.033
广水市	17	14	3	695	695		384	0.035	0.021
恩施土家族苗族自治州	**45**	**32**	**13**	**698**	**580**	**118**	**685**	**0.079**	**0.079**
州直	7	6	1	121	116	5	121	0.016	0.016
恩施市	4	4		45	45		45	0.008	0.008
利川市	5	1	4	65	13	52	65	0.007	0.007
建始县	6	1	5	48	12	36	48	0.006	0.006
巴东县	15	15		179	179		167	0.017	0.017
宣恩县	4	1	3	60	35	25	60	0.005	0.005
咸丰县	2	2		107	107		107	0.015	0.015
来凤县	1	1		53	53		53	0.003	0.003
鹤峰县	1	1		20	20		19	0.002	0.002
省直管	**158**	**130**	**28**	**7539**	**7458**	**81**	**7262**	**1.200**	**1.185**
潜江市	26	26		461	461		339	0.047	0.038
仙桃市	36	36		594	594		572	0.053	0.052
天门市	47	21	26	541	466	75	533	0.039	0.039
神农架林区	3	1	2	19	13	6	19	0.001	0.001
厅直单位	46	46		5924	5924		5799	1.060	1.055

主要指标解释

一、执行会计制度类别

执行会计制度分为执行企业会计制度、事业单位会计制度、行政单位会计制度、民间非营利组织会计制度和其他等5类。限能够独立核算的单位填写本项。

（1）执行企业会计制度：执行工业企业会计制度、施工企业会计制度、运输（交通）企业会计制度、运输（铁路）企业会计制度、运输（民用航空）企业会计制度、公路经营企业会计制度、邮电通信企业会计制度、农业企业会计制度、国有林场和苗圃会计制度、国有农牧渔良种场会计制度、水利工程管理单位会计制度、商品流通企业会计制度、旅游和饮食服务企业会计制度、金融企业会计制度、城市合作银行会计制度、保险公司会计制度、股份有限公司会计制度、对外经济合作企业会计制度等的企业（单位）选填此项，包括实行企业化管理、执行企业会计制度的事业单位。

（2）事业单位会计制度：执行事业会计制度的各类事业单位选填此项，包括执行特殊行业会计制度的事业单位（如执行科学事业单位会计制度、中小学校会计制度、高等学校会计制度、医院会计制度、测绘事业单位会计制度、国家物资储备资金会计制度等）以及执行事业会计制度的社会团体。

（3）行政单位会计制度：执行行政会计制度的单位选填此项，包括各类行政机关、政党机关及执行行政会计制度的社会团体。

（4）民间非营利组织会计制度：执行民间非营利组织会计制度的单位选填此项，包括执行民间非营利组织会计制度的社会团体、基金会、民办非企业单位和寺院、宫、观、清真寺、教堂等。

（5）其他：不执行以上四类会计制度的单位选填此项。社区（居委会）、村委会选填此项。

单位从业人员：在本单位工作并取得劳动报酬或收入的年末实有人员数。期末从业人员包含在各单位工作的外方人员和港澳台方人员、兼职人员、再就业的离退休人员、借用的外单位人员和第二职业者，但不包括离开本单位仍保留劳动关系的职工。所有法人单位均填写本项。

二、水利行政及事业单位财务状况

（1）资产总计：资产是指行政、事业单位占有或者使用的，能以货币计量的经济资源，包括流动资产、固定资产、债权和其他权利。行政单位的资产主要包括流动资产、固定资产等；事业单位的资产按其流动性分为流动资产、固定资产、无形资产、对外投资等。此指标取自“资产负债表”资产合计的期末数。

（2）固定资产原价：指使用年限在一年以上，单位价值在规定标准以上，并在使用过程中基本保持原来物质形态的资产，包括房屋和建筑物、专用设备、一般设备、文物和陈列品、图书、其他固定资产等。根据部门决算“资产负债表”中的固定资产有关项目的年末数填报。

（3）负债合计：负债是指单位所承担的能以货币计量，需以资产或劳务偿付的债务。此指标取自会计“资产负债表”中的“负债合计”的期末数。

（4）净资产合计：为资产－负债。根据单位“资产负债表”中的“净资产合计”的期末数填列。

三、水利企业财务状况

（1）资产合计：资产是指企业拥有或控制的能以货币计量的经济资源，包括各种财产、债权和其他权利。资产按其流动性（即资产的变现能力和支付能力）划分为：流动资产、长期投资、固定资产、无形资产和其他资产。根据会计“资产负债表”中“资产合计”项的年末数填列。

（2）固定资产原价：指固定资产的成本，包括企业在购置、自行建造、安装、改建、扩建、技术改造某项固定资产时所支出的全部支出总额。根据会计“固定资产”中科目的期末借方余额填报。

（3）固定资产折旧：指对固定资产由于磨损和损耗而转移到产品中去的那一部分价值的补偿。一般根据固定资产原值（原价）（选用双倍余额递减法计提折旧的企业，为固定资产账面净值）和确定的折旧率计算。“累计折旧”：指企业在报告期末提取的历年固定资产折旧累计数，根据会计“资产负债表”附表中“累计折旧”项的年末数填列。“本年折旧”：指企业在报告期内提取的固定资产折旧合计数，根据会计“财务状况变动表”中“固定资产折旧”项的数值填列。若企业执行 2001 年《企业会计制度》，根据会计核算中“资产减值准备、投资及固定资产情况表”内“当年计提的固定资产折旧总额”项本年增加数填报。

（4）固定资产净值（账面价值）：指固定资产原价减去累计折旧和固定资产减值准备累计后的净额，根据会计“资产负债表”中“固定资产净值（账面价值）”项的年末数填列。

四、水利民间非营利组织财务状况

（1）固定资产原价：指使用年限在一年以上，单位价值在规定标准以上，并在使用过程中基本保持原来物质形态的资产，包括房屋和建筑物、专用设备、一般设备、文物和陈列品、图书、其他固定资产等。

（2）固定资产原价：根据项目的期末数填报。

附录

FU LU

图片来源：来风县塘口水电站实景

附表 I 湖北省水利统计分区

湖北省分 13 个市级水利统计区，117 个县级水利统计区（含天门、潜江、仙桃、神农架林区）。

武汉市　共 17 个统计区
江岸区　江汉区　硚口区　汉阳区　武昌区　青山区　洪山区　东西湖区　汉南区　蔡甸区
江夏区　黄陂区　新洲区　武汉经济技术开发区　东湖生态旅游风景区　东湖新技术开发区
化学工业区

黄石市　共 6 个统计区
黄石港区　西塞山区　下陆区　铁山区　阳新县　大冶市

十堰市　共 9 个统计区
茅箭区　张湾区　郧阳区　郧西县　竹山县　竹溪县　房县　丹江口市　武当山特区

宜昌市　共 13 个统计区
西陵区　伍家岗区　点军区　猇亭区　夷陵区　远安县　兴山县　秭归县　长阳土家族自治县
五峰土家族自治县　宜都市　当阳市　枝江市

襄阳市　共 11 个统计区
襄城区　樊城区　襄州区　南漳县　谷城县　保康县　老河口市　枣阳市　宜城市　东津区
襄阳经济技术开发区

鄂州市　共 3 个统计区
梁子湖区　华容区　鄂城区

荆门市　共 7 个统计区
掇刀区　东宝区　屈家岭管理区　京山市　沙洋县　钟祥市　漳河新区

孝感市　共 7 个统计区
孝南区　孝昌县　大悟县　云梦县　应城市　安陆市　汉川市

荆州市　共 9 个统计区
沙市区　荆州区　公安县　监利市　江陵县　石首市　洪湖市　松滋市　荆州市

黄冈市　共 13 个统计区
黄州区　团风县　红安县　罗田县　英山县　浠水县　蕲春县　黄梅县　麻城市　武穴市
龙感湖管理区　白莲河示范区　黄冈市开发区

咸宁市　共 6 个统计区
咸安区　嘉鱼县　通城县　崇阳县　通山县　赤壁市

随州市　共 4 个统计区
曾都区　随县　广水市　随州市开发区

恩施土家族苗族自治州　共 8 个统计区
恩施市　利川市　建始县　巴东县　宣恩县　咸丰县　来凤县　鹤峰县

省直管　共 4 个统计区
仙桃市　潜江市　天门市　神农架林区

附表Ⅱ　大型水库

序号	地区	县（市、区）	水　库　名　称	所在河流（湖泊）	工程规模
1	黄石市	阳新县	富水水库	富水	大（1）型
2	十堰市	张湾区	湖北省黄龙滩水力发电厂黄龙滩水库	堵河	大（1）型
3	十堰市	竹山县	潘口水利枢纽——水库工程	堵河	大（1）型
4	十堰市	丹江口市	丹江口水利枢纽——水库工程	汉江	大（1）型
5	宜昌市	夷陵区	三峡水利枢纽——水库工程	长江	大（1）型
6	宜昌市	长阳土家族自治县	隔河岩水库	清江	大（1）型
7	荆门市	东宝区	漳河水库	漳河	大（1）型
8	黄冈市	浠水县	白莲河水库	浠水	大（1）型
9	恩施土家族苗族自治州	巴东县	清江水布垭水利枢纽——水库工程	清江	大（1）型
10	恩施土家族苗族自治州	鹤峰县	江坪河水库	溇水	大（1）型
11	武汉市	黄陂区	夏家寺水库	夏家寺河	大（2）型
12	武汉市	黄陂区	梅店水库	梅店河	大（2）型
13	武汉市	新洲区	道观河水库	道观河	大（2）型
14	黄石市	阳新县	王英水库	三溪河	大（2）型
15	十堰市	郧西县	陡岭子水库	金钱河	大（2）型
16	十堰市	郧西县	汉江孤山航电枢纽——水库工程	汉江	大（2）型
17	十堰市	竹山县	龙背湾水库	官渡河	大（2）型
18	十堰市	竹山县	霍河水库	霍河	大（2）型
19	十堰市	竹溪县	鄂坪水利枢纽工程——水库工程	堵河	大（2）型
20	十堰市	竹溪县	白沙河水库	泉河	大（2）型
21	十堰市	房县	三里坪水库	南河	大（2）型
22	宜昌市	西陵区	葛洲坝水利枢纽——水库工程	长江	大（2）型
23	宜昌市	夷陵区	西北口水库	黄柏河	大（2）型
24	宜昌市	兴山县	古洞口一级水库	香溪河	大（2）型
25	宜昌市	宜都市	高坝洲水库	清江	大（2）型
26	宜昌市	当阳市	巩河水库	巩河	大（2）型

基本情况表

特征水位/米						特征库容/万立方米				
校核洪水位	设计洪水位	防洪高水位	正常蓄水位	防洪限制水位	死水位	总库容	调洪库容	防洪库容	兴利库容	死库容
64.28	62.10	58.60	57.00	55.00	48.00	162100	80800	28100	54800	42100
253.90	252.10		247.00		226.00	122800			51500	42900
360.82	357.14		355.00		330.00	233800		40000	94197	84803
174.35	172.20	171.70	170.00	160.00	150.00	3391000	1408950	1100000	1636000	1269000
180.40	175.00	175.00	175.00	145.00	145.00	4504000	2215000	2215000	2215000	1715000
204.40	203.13	202.00	200.00	193.60	160.00	345400	172100	50000	197500	107700
127.78	125.08	123.92	123.50	122.60	113.00	211300	42100	13900	92400	86200
110.14	108.35	104.90	104.00	103.00	91.00	122800	30000	12800	57200	22800
404.03	402.24	400.00	400.00	391.80	350.00	458000	77000	50000	238300	192900
475.14	471.90	471.90	470.00	459.70	427.00	136600	31000	20000	67800	57800
51.51	50.86	50.54	49.90	49.90	44.87	25350	4300	1706	12060	9000
67.16	66.05		64.26		55.06	16354	4516		8728	3110
86.84	85.04	85.04	78.70	75.70	61.00	10418	4028	3091	5400	990
73.37	71.91		70.00		58.50	58170	10870		24300	23000
274.45	266.41		264.00		242.00	48420			20900	14000
			177.23			21200				
523.89	521.85		520.00		485.00	83000			42360	34340
344.83	341.07	340.50	340.50	337.50	311.00	10383	2049	1040	6725	1609
554.65	550.56		550.00		520.00	30270	18900		15270	11890
448.45	445.33		445.00		423.00	24780	11514		11587	11073
418.57	416.42		416.00		392.00	49900		12100	21100	26100
67.00	66.00		66.00		62.00	74100			8400	60000
328.07	322.55		322.00		267.00	19627			15573	503
333.14	329.64	329.40	325.00	325.00	298.00	14760	6900	1540	6900	4700
82.90	78.30		80.00		78.00	48900			5400	34900
137.48	135.14		135.00		120.00	17323			10536	4166

序号	地区	县（市、区）	水库名称	所在河流（湖泊）	工程规模
27	襄阳市	襄城区	汉江崔家营航电枢纽水库	汉江	大（2）型
28	襄阳市	樊城区	汉江新集水电枢纽	汉江	大（2）型
29	襄阳市	襄州区	西排子河水库	西排子河	大（2）型
30	襄阳市	襄州区	红水河水库	红水河	大（2）型
31	襄阳市	南漳县	三道河水库	蛮河	大（2）型
32	襄阳市	南漳县	石门集水库	清凉河	大（2）型
33	襄阳市	南漳县	峡口水库	沮漳河	大（2）型
34	襄阳市	南漳县	云台山水库	黑河	大（2）型
35	襄阳市	谷城县	白水峪水库	南河	大（2）型
36	襄阳市	保康县	寺坪水库	南河	大（2）型
37	襄阳市	老河口市	王甫洲水库工程	汉江	大（2）型
38	襄阳市	老河口市	孟桥川水库	孟桥川	大（2）型
39	襄阳市	枣阳市	熊河水库	熊河	大（2）型
40	襄阳市	枣阳市	华阳河水库	华阳河	大（2）型
41	襄阳市	宜城市	莺河一库	莺河	大（2）型
42	荆门市	京山市	惠亭水库	溾水	大（2）型
43	荆门市	京山市	高关水库	大富水	大（2）型
44	荆门市	京山市	郑家河水库	漳水	大（2）型
45	荆门市	京山市	八字门水库	石板河	大（2）型
46	荆门市	钟祥市	温峡口水库	激河	大（2）型
47	荆门市	钟祥市	碾盘山水利水电枢纽工程	汉江	大（2）型
48	荆门市	钟祥市	石门水库	天门河	大（2）型
49	荆门市	钟祥市	黄坡水库	长寿河	大（2）型
50	荆州市	松滋市	洈水水库	洈水	大（2）型
51	荆州市	荆州区	太湖港水库	太湖港	大（2）型
52	黄冈市	团风县	牛车河水库	牛车河	大（2）型

续表

特征水位/米						特征库容/万立方米				
校核洪水位	设计洪水位	防洪高水位	正常蓄水位	防洪限制水位	死水位	总库容	调洪库容	防洪库容	兴利库容	死库容
64.25	63.15		62.73		62.23	24500	4000		4000	20500
						42200				
114.95	113.75	113.00	111.80	111.00	100.00	22040	9590	5503	12200	233
119.50	118.94	118.91	117.00	117.00	109.00	10360	3930	3043	5890	530
157.46	154.11	154.00	154.00	152.40	112.70	15430	3869	1153	12742	5
200.10	199.20	196.50	195.00	195.00	158.00	15403	3749	996	11469	185
266.47	264.88		264.13		248.13	13600	1036		6328	6236
170.44	168.17	167.41	164.50	163.00	126.89	12300	3200	2900	8900	500
204.50	198.00		198.00		184.00	14800			6068	4740
317.56	315.22		315.00		294.00	26900	2200		14500	10200
89.30	88.11		86.23		85.48	30950	16080		2800	12070
143.81	143.02		143.00		126.00	11280	1975		9740	270
128.19	126.97	126.57	125.00	125.00	113.00	19590	6000	2660	11590	2000
146.81	146.03		144.19		128.69	10700	3470		7080	140
136.78	135.52		132.70		116.20	12166			7631	362
88.67	87.69		84.75		73.00	31300	10700		17350	3250
122.75	121.53	120.65	121.50	118.00	100.50	20108	5517	2906	15432	3089
103.61	103.42		100.30		85.00	17100			11260	708
199.60	197.77		194.00		179.50	10542			5010	1776
109.37	107.62	106.00	107.00	105.00	95.00	52030	13200	2800	26900	17630
						87700			8300	79400
96.36	94.27	94.17	92.00	91.00	80.00	15910	7750	3840	6910	1250
80.85	79.11	78.78	77.50	76.00	65.50	12561	6199	3225	7025	1010
95.77	95.16	94.38	94.00	93.00	82.50	51160	10560	5040	30900	13300
40.16	39.46		37.74		35.00	12193	8358		2814	1021
77.92	77.21	76.92	76.65	75.60	67.78	10103	1988	1068	5824	3140

序号	地区	县（市、区）	水 库 名 称	所在河流（湖泊）	工程规模
53	黄冈市	红安县	金沙河水库	金沙河	大（2）型
54	黄冈市	红安县	尾斗山水库	鄢家河	大（2）型
55	黄冈市	罗田县	天堂水库	巴水	大（2）型
56	黄冈市	英山县	张家咀水库	西河	大（2）型
57	黄冈市	蕲春县	大同水库	蕲水	大（2）型
58	黄冈市	蕲春县	花园水库	狮子河	大（2）型
59	黄冈市	黄梅县	垅坪水库	垅坪河	大（2）型
60	黄冈市	麻城市	浮桥河水库	浮桥河	大（2）型
61	黄冈市	麻城市	三河口水库	阎家河	大（2）型
62	黄冈市	麻城市	明山水库	白杲河	大（2）型
63	孝感市	孝昌县	观音岩水库	晏家河	大（2）型
64	咸宁市	咸安区	南川水库	淦河	大（2）型
65	咸宁市	嘉鱼县	三湖连江水库	西凉湖	大（2）型
66	咸宁市	崇阳县	青山水库	青山河	大（2）型
67	咸宁市	赤壁市	陆水水库	陆水	大（2）型
68	随州市	曾都区	先觉庙水库	漂水	大（2）型
69	随州市	随县	封江口水库	厥水	大（2）型
70	随州市	随县	黑屋湾水库	涢水	大（2）型
71	随州市	随县	吴山水库	涢水	大（2）型
72	随州市	随县	大洪山水库	府澴河	大（2）型
73	随州市	随县	天河口水库	厥水	大（2）型
74	随州市	广水市	徐家河水库	龙泉河	大（2）型
75	随州市	广水市	花山水库	浉河	大（2）型
76	恩施土家族苗族自治州	恩施市	老渡口水库	马水河	大（2）型
77	恩施土家族苗族自治州	宣恩县	洞坪水库	忠建河	大（2）型
78	恩施土家族苗族自治州	咸丰县	朝阳寺水库	阿蓬江	大（2）型

续表

特征水位/米						特征库容/万立方米				
校核洪水位	设计洪水位	防洪高水位	正常蓄水位	防洪限制水位	死水位	总库容	调洪库容	防洪库容	兴利库容	死库容
72.96	72.39	72.00	71.60	70.60	63.50	18060	2681	704	10644	4736
71.40	70.48		69.50		58.00	10928	2120		7210	1610
302.18	299.23	298.74	298.00	296.00	278.00	15640	2800	1970	9380	2900
255.08	251.76		249.00	249.00	223.00	11040	2427		6866	1747
126.66	124.92	124.10	122.00	122.00	103.50	25536	6006	3670	16035	3495
97.44	95.85	94.18	92.68	92.68	74.18	10020	2820	851	6600	600
77.40	76.10	75.69	73.50	72.00	48.00	13300	3419	1882	9661	220
68.70	68.04		64.89		51.78	53950			27172	2208
155.80	154.99		149.00		124.00	16926	4926		10000	2000
97.41	96.07		93.00		78.00	16870	5100		9700	2100
114.00	112.46		109.50		97.30	10010			4830	2140
111.72	107.90	107.90	104.00	102.00	78.00	11190	3910	770	6520	760
30.07	29.41		28.50		24.00	10580	2359		5651	2570
126.51	125.71	125.08	122.30	122.30	107.00	43000	8260	5460	20840	13900
57.67	56.50	56.00	55.00	53.00	45.00	74200	26500	22900	40800	17300
110.90	109.11		107.00		90.00	24080			15180	990
126.75	125.22		124.00		113.90	25200	6000		13700	5500
121.86	119.45		116.00		104.26	15800	7150		6945	1705
199.20	197.64		195.00		175.80	14370	4330		9697	343
177.62	176.03	175.34	174.00	174.00	159.90	12410	2740	1030	6900	2770
189.90	188.92		185.00		169.50	10290			5450	2210
76.25	75.30		72.00		64.80	73350	29450		29900	14100
242.14	240.35		237.00		200.00	15380			10630	110
484.62	481.41		480.00		457.00	22040			10300	8800
493.98	492.20		490.00		456.00	34300			19130	11700
509.80	509.50		509.50		488.00	12050	162		7900	4000

附表Ⅲ　大型灌区基本情况表

序号	灌区名称	管理单位	设计灌溉面积/亩	有效灌溉面积/亩	受益县（市、区）及有效灌溉面积	
					行政区	有效灌溉面积/亩
1	漳河灌区	湖北省漳河工程管理局	2405200	1574401	当阳市	124000
					东宝区	141000
					掇刀区	173000
					沙洋县	863000
					钟祥市	138192
					荆州区	135209
2	引丹灌区	襄阳市引丹工程管理局	2100000	1064546	樊城区	133500
					襄州区	622072
					老河口市	308974
3	泽口灌区	仙桃市泽口灌区管理局	2050000	2336095	仙桃市	2015749
					潜江市	320346
4	天门引汉灌区	天门市引汉灌区工程管理处	1599300	1432695	天门市	1432695
5	东风渠灌区	宜昌市东风渠灌区管理局	1162050	972580	猇亭区	480
					夷陵区	217000
					当阳市	258000
					枝江市	497100
6	荆江灌区	公安县荆江灌区管理处	901073	630731	公安县	630731
7	下内荆河灌区	洪湖市下内荆河灌区管理总站	877262	841108	洪湖市	841108
8	兴隆灌区	潜江市兴隆灌区管理局	749000	608915	潜江市	608915
9	观音寺灌区	江陵县观音寺颜家台灌区管理处	691200	871100	沙市区	177198
					江陵县	693902
10	冯家潭灌区	石首市冯家谭泵站	650000	572625	监利县	322307
					江陵县	14048
					石首市	236270
11	徐家河灌区	孝感市徐家河水库管理局	640000	796257	孝南区	17758
					孝昌县	143574
					云梦县	233908
					安陆市	338017
					广水市	63000
12	白莲河灌区	浠水县白莲河灌区管理局	640000	520300	罗田县	5000
					浠水县	400000
					蕲春县	115300
13	随中灌区	随州市随中灌区管理局	620600	530500	曾都区	190500
					随县	340000
14	洪湖隔北灌区	洪湖市隔北灌区管理总站	616900	437760	洪湖市	437760
15	淹水灌区	荆州市淹水工程管理局	520000	326198	公安县	95266
					松滋市	230932
16	王英灌区	湖北省王英水库管理局	496000	225109	江夏区	69739
					阳新县	8544
					大冶市	1826
					咸安区	145000

续表

序号	灌区名称	管理单位	设计灌溉面积/亩	有效灌溉面积/亩	受益县（市、区）及有效灌溉面积	
					行政区	有效灌溉面积/亩
17	监利隔北灌区	监利市隔北灌区管理所	460600	426264	监利市	426264
18	何王庙灌区	监利市何王庙灌区管理所	432000	370973	监利市	370973
19	大岗坡灌区	枣阳市大岗坡引唐灌溉管理处	425000	329200	襄州区	5200
					枣阳市	324000
20	老江河灌区	监利市灌区管理局	423417	387309	监利市	387309
21	颜家台灌区	江陵县观音寺颜家台灌区管理处	408000	457803	江陵县	457803
22	温峡口灌区	钟祥市温峡口水库管理处	401300	340000	钟祥市	340000
23	惠亭灌区	京山市惠亭水库管理处	401000	172568	京山市	102000
					应城市	19767
					天门市	50801
24	太湖港灌区	荆州市荆州区太湖港工程管理局	385200	382880	沙市区	99294
					荆州区	283586
25	高关灌区	湖北省高关水库管理局	384000	292147	京山市	107000
					应城市	185147
26	陆水灌区	赤壁市陆水北干渠管理处	381900	252000	赤壁市	252000
27	金檀灌区	红安县金檀灌区管理局	368000	318000	红安县	318000
28	西门渊灌区	监利市西门渊灌区管理所	366000	300357	监利市	300357
29	举水灌区	武汉市新洲区举水灌区管理局	354300	234693	新洲区	234693
30	熊河灌区	枣阳市熊河水库灌区管理处	354000	199000	襄州区	145000
					枣阳市	54000
31	石门灌区	钟祥市石门水库管理处	348000	291736	京山市	34000
					钟祥市	210480
					天门市	47256
32	黑花飞灌区	广水市花飞灌区灌溉管理处	336700	251600	广水市	251600
33	明山灌区	麻城市明山水库管理处	330000	209980	新洲区	25980
					麻城市	184000
34	梅院泥灌区	武汉市黄陂区梅院泥水库管理处	327600	313527	黄陂区	313527
35	孟溪大垸灌区	公安县孟溪大垸灌区管理处	321127	218367	公安县	218367
36	浮桥河水库灌区	麻城市浮桥河水库管理处	319553	258629	新洲区	12527
					麻城市	246102
37	三湖连江灌区	嘉鱼县三湖连江水库管理处	314800	254358	嘉鱼县	254358
38	郑家河灌区	孝感市郑家河水库管理局	310000	466999	京山市	59000
					应城市	105035
					安陆市	301964
					曾都区	1000
39	三道河灌区	襄阳市三道河水电工程管理局	303000	262000	南漳县	54500
					宜城市	207500
40	石台寺灌区	枣阳市石台寺提灌工程管理处	300000	232100	襄州区	2000
					枣阳市	230100

注　有效灌溉面积数据为水利普查成果，即截至2011年的有效灌溉面积。

附表Ⅳ 大型水电站

序号	地 区	县（市、区）	水 电 站 名 称	河流（湖泊）	水电站类型
1	十堰市	张湾区	湖北省黄龙滩水力发电厂黄龙滩水库水电站	堵河	闸坝式
2	十堰市	竹山县	潘口水利枢纽——水电站工程	堵河	闸坝式
3	十堰市	丹江口市	丹江口水利枢纽——水电站工程	汉江	闸坝式
4	宜昌市	西陵区	葛洲坝水利枢纽——水电站工程	长江	闸坝式
5	宜昌市	夷陵区	三峡水利枢纽——水电站工程	长江	闸坝式
6	宜昌市	长阳土家族自治县	隔河岩水电站	清江	闸坝式
7	黄冈市	罗田县	白莲水库——抽水蓄能电站工程	如意河	抽水蓄能
8	恩施土家族苗族自治州	巴东县	清江水布垭水利枢纽——水电站工程	清江	闸坝式
9	恩施土家族苗族自治州	鹤峰县	江坪河水库水电站	溇水	闸坝式

基本情况表

装机容量 /兆瓦	保证出力 /兆瓦	额定水头 /米	机组台数 /台	多年平均年 发电量 /万千瓦时	水电站管理单位名称
490	50.7	73	4	102980	国网湖北省电力有限公司 黄龙滩水力发电厂
500	86.7	83	2	107850	汉江水电开发有限公司
900	247	63.5	6	383000	汉江水利水电（集团） 有限责任公司
2735	768	18.6	22	1570000	中国长江电力股份有限公司
22500	5300	85	34	8820000	中国长江电力股份有限公司
1200	187	103	4	304000	湖北清江水电开发有限责任公司
1200	1080	195	4	96700	湖北白莲抽水蓄能有限公司
1840	312	183.5	4	398400	湖北清江水电开发有限责任公司
450	68.3	153	2	96380	湖北能源集团溇水水电有限公司 江坪河水电厂

附表Ⅴ　大型泵站

序号	地　区	县（市、区）	泵　站　名　称	所在河流（湖泊、水库、渠道）名称	工程任务
1	黄石市	阳新县	富池口泵站	富水	排水
2	鄂州市	鄂城区	湖北省樊口电排站	长港	排水
3	荆州市	洪湖市	新滩口泵站	四湖总干渠	排水
4	荆州市	洪湖市	高潭口泵站	排涝河	排水
5	荆州市	荆州区	引江济汉进口泵站	长江	灌溉
6	省直管	仙桃市	排湖泵站	排湖电排河	灌溉、排水
7	省直管	潜江市	田关泵站	东荆河	排水
8	武汉市	洪山区	汤逊湖泵站	青菱湖	排水
9	武汉市	东西湖区	塔尔头泵站	府澴河	排水
10	武汉市	东西湖区	白马泾泵站	府澴河	排水
11	武汉市	东西湖区	常青一期泵站	府澴河	排水
12	武汉市	东西湖区	李家墩泵站	府澴河	排水
13	武汉市	蔡甸区	西湖泵站——泵站工程	汉阳河	排水
14	武汉市	蔡甸区	东湖泵站	长江	排水
15	武汉市	蔡甸区	大军山泵站	长江	排水
16	武汉市	江夏区	金口电排站	金水河	排水
17	武汉市	江夏区	金口二站	金水河	排水
18	武汉市	江夏区	海口泵站	湖口湖	排水
19	武汉市	蔡甸区	李家墩泵站	府澴河	排水
20	武汉市	黄陂区	武湖泵站	长江	排水
21	武汉市	黄陂区	后湖泵站	黄孝河	排水
22	武汉市	新洲区	篾扎湖泵站	倒水	排水
23	武汉市	青山区	北湖泵站	北湖港	排水
24	武汉市	青山区	江边水站——泵站工程	长江	工业供水
25	武汉市	化工区	北湖闸泵站	长江	排水
26	武汉市	化工区	北湖二泵站	长江	排水
27	黄石市	大冶市	大冶湖泵站	大冶湖	排水
28	宜昌市	枝江市	百里洲泵站——泵站工程	采穴河	排水
29	襄阳市	襄州区	大岗坡泵站	唐白河	灌溉
30	襄阳市	枣阳市	大岗坡泵站	唐河	灌溉
31	襄阳市	枣阳市	石台寺泵站	唐河	灌溉
32	鄂州市	鄂城区	樊口二站	长港	排水

基本情况表

工程等别	装机流量/立方米每秒	装机功率/千瓦	设计扬程/米	水泵数量/台	泵站管理单位名称
Ⅰ	200	16000	3.05	10	阳新县富池电排站
Ⅰ	214	24000	9.5	4	湖北省樊口电排站管理处
Ⅰ	220	18000	5.62	10	荆州市四湖工程管理局
Ⅰ	220	18000	6.26	10	荆州市四湖工程管理局
Ⅰ	645	16800	3.2	6	湖北省引江济汉工程管理局
Ⅰ	202.5	21600	7.6	9	仙桃市排湖泵站工程管理局
Ⅰ	220	16800	5.38	6	湖北省田关水利工程管理处
Ⅱ	112.5	15000	8.69	15	武汉市汤逊湖泵站管理处
Ⅱ	189	20000	8.26	20	武汉市东西湖区塔尔头泵站
Ⅱ	160	20400	8.66	6	武汉市东西湖区白马泾泵站管理站
Ⅱ	53.6	6400	9.4	8	武汉市排水泵站管理处长青排水站
Ⅱ	60	7800	10.1	6	武汉市东西湖区李家墩泵站
Ⅱ	67.2	6400	7.42	8	武汉市蔡甸区西湖泵站
Ⅱ	90	10000	8.38	10	武汉市蔡甸区东湖泵站
Ⅱ	81	10000	8.32	10	武汉市大军山泵站管理处
Ⅱ	144	13200	7	6	湖北省金口电排站管理处
Ⅱ	96	11250			湖北省金口电排站管理处
Ⅱ	64	12000	11.2	6	武汉市江夏区海口泵站
Ⅱ	60	20400	8.6	6	武汉市东西湖区李家墩泵站
Ⅱ	64	8000	10.65	8	武汉市黄陂区武湖泵站
Ⅱ	122.5	5400	5.74	3	武汉市黄陂区后湖泵站
Ⅱ	50	6000	8.09	6	武汉市新洲区篾扎湖泵站
Ⅱ	64	8000	7.56	8	武汉市青山区（化工区）北湖泵站
Ⅱ	49.67	11250	20	9	宝武水务科技有限公司武汉分公司
Ⅱ	90	15000	10.2	10	武汉化工新城建设开发投资有限公司
Ⅱ	86	12000	9	4	武汉化工新城建设开发投资有限公司
Ⅱ	120	9600	5	6	大冶湖枢纽工程管理站
Ⅱ	54.72	5835	6.55	21	枝江市百里洲泵站管理处
Ⅱ	11.4	4580		19	襄阳市襄州区大岗坡电力灌溉站
Ⅱ	31.2	15120		37	枣阳市大岗坡引唐灌溉服务中心
Ⅱ	29.92	10265		9	枣阳市石台寺提灌工程服务中心
Ⅱ	150	20000	9.02	5	鄂州市水利和湖泊局

序号	地 区	县（市、区）	泵 站 名 称	所在河流（湖泊、水库、渠道）名称	工程任务
33	鄂州市	鄂城区	花马湖二站	花马湖	排水
34	荆门市	沙洋县	大碑湾泵站	汉江	灌溉
35	荆门市	钟祥市	南湖电力排灌站	汉江	排水
36	孝感市	孝南区	北泾咀泵站——泵站工程	府澴河	排水
37	孝感市	孝南区	野猪湖排涝泵站	府澴河	排水
38	孝感市	孝南区	鲢鱼地泵站	滚子河	排水
39	孝感市	应城市	夹河沟泵站——泵站工程	汉北河	灌溉、排水
40	孝感市	汉川市	汉川泵站——泵站工程	汉江	排水
41	孝感市	汉川市	汉川泵站——二泵站工程	汉江	灌溉、排水
42	孝感市	汉川市	沉湖五七泵站	沉湖北干渠	排水
43	孝感市	汉川市	分水泵站——泵站工程	汉江	排水
44	孝感市	汉川市	庙头（大沙）泵站——泵站工程	汉江	灌溉、排水
45	荆州市	荆州区	盐卡泵站	长江	排水
46	荆州市	公安县	黄山电力排水站——泵站工程	荆江分洪总排渠	排水
47	荆州市	公安县	闸口一站——泵站工程	荆江分洪总排渠	排水
48	荆州市	公安县	闸口二站—— 泵站工程	荆江分洪总排渠	排水
49	荆州市	监利市	杨林山电排站	杨林山电排渠	排水
50	荆州市	监利市	半路堤泵站	长江	排水
51	荆州市	监利市	新沟电力排灌站	监新河北段	灌溉、排水
52	荆州市	监利市	螺山泵站	长江	排水
53	荆州市	洪湖市	南套沟泵站	南港河	灌溉、排水
54	荆州市	洪湖市	洪湖大沙泵站	长江	排水
55	荆州市	洪湖市	腰口泵站	洪湖	排水
56	黄冈市	浠水县	望天湖泵站	望天湖	排水
57	黄冈市	蕲春县	赤东湖泵站	赤东湖	排水
58	黄冈市	黄梅县	八一电排站——泵站工程	东港	排水
59	黄冈市	黄梅县	清江口电排站	长江	排水
60	黄冈市	武穴市	官桥电排站		排水
61	咸宁市	嘉鱼县	余码头电力排灌站	长江干流中下段南岸混合一区	灌溉、排水
62	咸宁市	嘉鱼县	余码头二站	长江干流中下段南岸混合一区	灌溉、排水
63	省直管	仙桃市	杨林尾泵站	东荆河	排水
64	省直管	仙桃市	徐鸳口泵站	汉江	灌溉
65	省直管	仙桃市	沙湖泵站	沙湖电排河	排水
66	省直管	仙桃市	大垸子泵站	通顺河	排水
67	省直管	潜江市	幸福电排站——泵站工程	东荆河	排水
68	省直管	潜江市	老新泵站	东荆河	灌溉、排水

续表

工程等别	装机流量/立方米每秒	装机功率/千瓦	设计扬程/米	水泵数量/台	泵站管理单位名称
Ⅱ	75	12000	8.3	6	花马湖电排站管理处
Ⅱ	34	14980		22	沙洋县大碑湾泵站管理处
Ⅱ	50	3750	5	5	钟祥市南湖电力排灌站
Ⅱ	50	3600	7.2	2	孝感市孝南区北泾咀泵站
Ⅱ	63	4800	5.6	3	孝感市孝南区北泾咀泵站
Ⅱ	70	7000	7	7	孝感市孝南区鲢鱼地泵站
Ⅱ	51	4800	8	6	应城市夹河沟泵站
Ⅱ	156	13800	7	6	汉川市汉川泵站
Ⅱ	140	11200	5.96	4	汉川市汉川泵站
Ⅱ	120	11600	7.2	6	湖北省沉湖五七泵站管理处
Ⅱ	80	8400	9	3	汉川市分水泵站
Ⅱ	60	6000	7.8	6	汉川市庙头泵站
Ⅱ	55	10800			荆州市四湖工程管理局盐卡水利工程管理所
Ⅱ	51	4800	6.35	6	公安县荆江分洪区黄山电力排水站
Ⅱ	51	5400	6.9	6	公安县荆江分洪区闸口泵站管理处
Ⅱ	120	12000	5.3	4	公安县荆江分洪区闸口泵站管理处
Ⅱ	80	10000	7.85	10	监利市杨林山电排站
Ⅱ	76.8	9600	9.35	3	监利市半路堤电力排灌站
Ⅱ	52	4800	5.96	6	监利市新沟电力排灌站
Ⅱ	150	13200	8	6	监利市螺山电排站
Ⅱ	78	7200	6.69	4	洪湖市南套沟电力排灌站
Ⅱ	123	12840		78	洪湖市大沙电力排灌站
Ⅱ	110	10800			荆州市四湖工程管理局腰口水利工程管理所
Ⅱ	54	6260		22	浠水县望天湖泵站
Ⅱ	53.14	4800	4.88	6	蕲春县赤东湖泵站管理处
Ⅱ	51	6000	7.68	6	黄梅县电排电灌站管理处
Ⅱ	51	6000	7.82	6	黄梅县电排电灌站管理处
Ⅱ	50	4800	7	6	武穴市官桥电排站管理处
Ⅱ	64	8000	10.7	8	嘉鱼县余码头电力排灌站
Ⅱ	64	8000			嘉鱼县余码头电力排灌站
Ⅱ	99	9000	6.91	3	仙桃市杨林尾泵站工程管理局
Ⅱ	80	6000	4.55	4	仙桃市徐鸳泵站工程管理局
Ⅱ	120	12000	6.51	6	仙桃市沙湖泵站工程管理局
Ⅱ	181	21000	7.7	6	仙桃市大垸子泵站管理所
Ⅱ	102.4	7200	4.52	4	潜江市幸福电排站
Ⅱ	89.97	7032		29	潜江市老新电排站

附表Ⅵ 大型水闸

序号	地区	县（市、区）	水闸名称	所在河流（湖、库、渠、海堤）名称	水闸类型
1	武汉市	新洲区	龙口节制闸	倒水	节制闸
2	孝感市	安陆市	解放山水利枢纽——水闸工程	府澴河	节制闸
3	荆州市	公安县	荆州市荆江分洪工程进洪闸	长江	分（泄）洪闸
4	黄冈市	浠水县	浠水县四级电站——水闸工程	浠水	节制闸
5	省直管	潜江市	南水北调中线工程兴隆水利枢纽——水闸工程	汉江	节制闸
6	省直管	仙桃市	杜家台分洪闸	汉江	分（泄）洪闸
7	武汉市	蔡甸区	黄陵矶闸	通顺河	分（泄）洪闸
8	黄石市	阳新县	富池大闸	长江	排（退）水闸
9	黄石市	阳新县	三溪河拦河闸	三溪河	节制闸
10	黄石市	阳新县	网湖分洪灭螺控制闸	富水	分（泄）洪闸
11	黄石市	大冶市	高河闸	高河	节制闸
12	宜昌市	当阳市	向家草坝水库拦河闸	沮漳河	节制闸
13	鄂州市	鄂城区	樊口大闸	长江	排（退）水闸
14	孝感市	应城市	龙赛湖闸（分洪闸）	汉北河	分（泄）洪闸
15	孝感市	汉川市	新沟闸（排水闸）	汉北河	排（退）水闸
16	荆州市	公安县	荆江分洪工程节制闸（南闸）	虎渡河	节制闸
17	黄冈市	浠水县	浠水县二级电站——水闸工程	浠水	节制闸
18	咸宁市	咸安区	大畈陈闸拦河闸	淦河	节制闸
19	咸宁市	崇阳县	天城节制闸	陆水	节制闸
20	咸宁市	通山县	九宫河拦河闸	横石河	节制闸
21	咸宁市	通山县	湄港河拦河闸	富水	节制闸
22	咸宁市	赤壁市	节堤航电闸	陆水	排（退）水闸
23	随州市	曾都区	随州市白云湖拦河闸	府澴河	节制闸
24	随州市	曾都区	随州市望城岗拦河闸	府澴河	节制闸
25	恩施土家族苗族自治州	巴东县	杨家坝电站水库——水闸工程	沿渡河	节制闸

基本情况表

最大过闸流量/立方米每秒	工程规模	闸孔数量/孔	闸孔总净宽/米	水闸管理单位名称
5880	大（1）型	19	190	武汉市新洲区龙口大闸管理所
6500	大（1）型	12	120	安陆市解放山水库管理处
7700	大（1）型	54	972	荆州市荆江分洪工程南北闸管理处北闸管理所
5483	大（1）型	18	180	浠水县白莲河四级电站
19400	大（1）型	56	784	湖北省南水北调兴隆水利枢纽工程建设管理处
5300	大（1）型	30	363	湖北省汉江河道管理局杜家台分洪闸管理分局
2008	大（2）型	9	63	武汉市蔡甸区黄陵矶闸管理处
3330	大（2）型	10	60	阳新县富池长江河道堤防管理段
1000	大（2）型	7	63	阳新县三溪镇人民政府
1000	大（2）型	6	54	阳新县富池河道堤防管理段
1300	大（2）型	14	78	大冶市金牛镇人民政府
8000	大（2）型	9	108	当阳市黄家湾水利水电有限公司
1050	大（2）型	11	71.5	鄂州市樊口大闸管理处
1400	大（2）型	6	36	应城市汉北堤防河道管理段
1500	大（2）型	4	94.4	孝感汉北河新沟船闸服务中心
3800	大（2）型	32	288	荆州市荆江分洪工程南北闸管理处南闸管理所
4750	大（2）型	14	140	浠水县白莲河二级电站
1430	大（2）型	11	42.75	咸宁市咸安区淦河流域管理局
4563	大（2）型	13	130	崇阳县水利局
1995	大（2）型	10	80	通山县水利和湖泊局
2110	大（2）型	7	8	通山县水利和湖泊局
4000	大（2）型	8	14	赤壁陆水河航电开发有限公司
4299	大（2）型	20	200	随州市白云湖水利工程运维中心
3400	大（2）型	12	144	随州市白云湖水利工程运维中心
1713	大（2）型	3	24	湖北省巴东县沿渡河电业发展有限公司